KB232795

竹島紀事
죽도기사 2-3

竹島紀事
죽도기사 2-3

竹島紀事
죽도기사 2-3

권오엽 ｜ 오오니시 토시테루 편역주

한국학술정보㈜

竹嶋記事　二

内閣文庫
和書
四〇八八記號

史
一五
六

内閣文庫
3088.9
5 (二)

竹島記事

二

목차

천하를 보는 눈 / 11
서문 - 기초자료 혹은 기본학문 / 13

    (33-03) 4월 27일, 스야마의 파견, 정관의 귀국준비
    (33-04) 스야마의 질문, 일본의 정통성, 화관의 반한, 귀국허가
    (33-05) 화관의 스야마
주) 반한의 반각

【대강 34단(겐로쿠 8년 5월 ②)】 ·························· 64
    (34-00) 귀국의 통보, 반한의 수정, 치주의 반환
    (34-01) 정관의 구상, 귀국통보, 정관의 유감
    의문서(한문) 1. 공차파견의 허위, 범월침섭, 서계의 모순
              1. 일도이명, 울릉도의 삭제
              1. 구서계, 야나기가와, 표류민의 송환,
    (34-03) 치주의 반환, 주진과 처벌, 역관의 조정
    (34-05) 어치주, 반각의 추정
    (34-06) 역관의 의견, 한첨지와 스야마, 왜곡
    (34-07) 정관의 단간, 개서와 우호
    (34-08) 사건의 전말, 강원도 울릉도, 동무와 조선
    (34-09) 문장의 평, 수정의 절차와 형식, 사자의 임무
    (34-10) 정관과 쓰시마, 주진의 조건, 상담의 무용론
    (34-11) 네덜란드와 제주도, 습득물과 울릉도
주) 의문서, 양국의 어민, 하멜

【대강 35단(겐로쿠 8년 6월 ①)】 ·························· 221
    (35-00) 정관이 남긴 서부
    (35-01) 귀국하는 정관, 반한의 처리
    (35-02) 동래부사의 구상서, 귀국의 영향
    (35-03) 동래부사의 유감표명, 삭제할 서부, 상담 무용론
    (35-04) 지체되는 답서
    (35-05) 전별을 거절하는 정관
    (35-06) 남기는 반한
    (35-07) 단간(한문), 현실인식, 우호파탄, 간언
    (35-08) 교섭의 유래, 조선의 실책, 의문 4개조
    (35-09) 절영도의 반답서, 선중의 반론
    (35-10) 박경업, 여지승람, 답서의 오류
    (35-11) 송환의 모순, 기록의 무용론, 답서의 모순
    (35-12) 정관 일행의 귀착.
주) 공갈, 서계 반납의 의미

천하를 보는 눈

손종호(시인, 충남대 국문학과 교수)

권오엽 박사는 여러 가지 면에서 능력이 많은 분이다. 가히 능소능대(能小能大)라 할 만하다. 일문학자인 그는 <만엽집(万葉集)>의 오묘한 시 세계를 가르치지만 그의 눈은 <고사기(古事記)>를 넘어 동아시아 역사를 꿰뚫는다. 그의 동경대학교 박사학위 논문에 나타나 있듯이 광개토왕의 비문 해석에조차 그는 문자적 해석을 뛰어넘어 천하사상의 관점으로 접근한다. 이처럼 그는 미시적인 듯하면서도 거시적이고 내면화된 감성과 외면화된 이성이 자못 조화를 이루는 분이다. 사람들은 그의 외모를 보고 강한 인상만을 받는지 몰라도 그가 화폭에 그려내는 스케치는 섬세하기 이를 데 없다. 일찍이 그의 그림 솜씨는 충청권 유수의 신문인 대전일보에 시사만평을 연재할 만치 탁월하며 인기가 높았던 것이다. 이처럼 권 박사는 양극을 하나로 통합하고 조화롭게 균형을 갖추고 있는 분이다.

그러나 내가 가장 부러워하는 것은 권 박사의 학문적 열정이다. 권 박사와 나는 충남대학교에 같은 날 부임함으로 인연을 맺게 되었다. 피차 전공은 달랐지만 20년이 넘는 세월을 우리는 서로 의지하며 도우며 살아왔다. 재직 중에도 학문적 열정이 남달랐지만 권 박사가 퇴직 후 1년 안에 10권의 서적 출간을 예정하고 있으며 벌써 6권의 서적을 출간했으니 아무리 공저와 번역서가 포함되어 있다 해도 그저 놀랍기만 하다. 나는 퇴직 후 이처럼 왕성하게 학술연구에 몰입한 분을 본 적이 없다. 더욱이 한 권 한 권이 독도 문제를 다루는 일본 쪽

사료들이고 궁극적으로 일본의 억지 주장을 반박할 수 있는 소중한 자료이고 보면 더욱 존경스러울 뿐이다. 고대 일본어에 대한 해박한 지식도 그러하지만 권 박사의 학문적 열정과 몰입, 조국애와 현실 초극의 정신 없이는 불가능한 일이 아닐 수 없다.

근자에 나는 권 박사와 함께 몽골 여행을 다녀왔다. 울란바토르에서 무릉시를 향해 달리는 승용차 안에서 우리 일행의 화제는 단연 권 박사의 왕성한 저술활동이었는데 그때 나는 권 박사로부터 아주 귀한 말씀을 듣게 되었다. 자신과 갈등하고 자신과 대립하면서 자신을 힘들게 한 모든 이들에게 고맙다는 것이다. 그들에게 절망할수록 더욱 책에 매달리게 되고 학문에 빠져들 수밖에 없어 오늘날의 결실을 이뤄나갈 수 있게 되었으니 그분들이야말로 진정 자신을 도와준 분들이라는 것이다. 사실 우리 인간은 어둠이 없이는 빛을 체험할 수 없는 이원론적 세계에 살고 있지 않은가? 변증법적인 대립과 갈등 없이는 어떤 의미도 찾을 수 없고 어떤 성장도 기약할 수 없는 것이다.

영성주의자들은 우리가 이 세상에 태어난 것은 우리 각자의 '영혼의 진보'를 위해서라고 주장한다. 끝없이 펼쳐지는 몽골의 평원을 가로지르는 차 속에서 나는 문득 천하사상에 집착하던 권 박사가 이제 새로운 지평(地平)에 이르렀구나 생각하니 못내 기뻤다. 권 박사의 깨달음의 깊이를 나는 알 수 없으나 이러한 인간애(人間愛)의 소중한 각성 위에 이루어지는 권 박사의 책들이 단순히 독도라는 작은 섬에 한정되지 않고 강호제현의 '천하를 보는 눈'을 열어주는 문이 되기를 빈다.

2011년 6월 18일

穗堂 孫鍾浩

서문 - 기초자료 혹은 기본학문

권오엽

　독도는 울릉도와 일본의 은주 사이에 위치한다. 자산도, 우산도, 송도, 리안쿠르트 등으로 불리기도 했으나, 현재는 독도로 호칭되고 있는데, 일본은 19세기까지는 송도, 리안쿠루트 등으로 칭했다. 우리가 우산국에 포함된 우산도, 자산도, 석도 등으로 부르다 현재는 독도로 통일했으나, 일본은 송도라 칭하다, 서양의 인식을 존중하여 리안쿠르트라 칭하더니, 1905년부터는 울릉도의 동명으로 사용했던 죽도를, 송도의 도명으로 전용하기로 하고, 자국령임을 주장하기 시작했다.

　일본은 17세기에도 조선령 울릉도를 죽도라 칭하며 영유를 주장한 일이 있었다. 그것도 대 조선외교의 독점을 생계유지의 방법으로 하는 쓰시마(対馬島)가 주도하는 일이었다. 쓰시마는 세종의 배려로 왜구 같은 해적집단에서 무역으로 생계를 유지하는 세력으로 갱생했으면서도, 임진왜란 시에는 침략의 선봉에 서더니, 전쟁이 끝나자 다시 통교를 애걸했던 집단이었고, 조선과의 통교를 통해 거부를 축적하기도 했다. 그 쓰시마가 울릉도/죽도의 영유권이 조일 양국의 영토문제로 발전하자, 막부나 톳토리번보다도 적극적이었다. 쓰시마의 사고와 행위는 명치제국의 침탈정책은 물론, 현재의 일본에도 그대로 계승되어 있다.

　일본이 독도를 인식했다고 인정할 수 있는 기록은 빨라도 11세기로, 당시의 일본인들은 울릉도를 우루마로 호칭하며, 이국으로 보고 있었는데, 독도는 그 우루마에 포함시켜 인식했던 것으로 볼 수 있다.

우리의 독도 인식을 나타내는 기록은, 6세기의 신라와 독도관계를 나타내는, 이사부의 우산국 정벌을 처음으로 한다. 『삼국사기』나 『삼국유사』를 효시로 하는 역대 기록들은 우산국이라는 표현으로 독도 인식을 전하고 있는데, 우리는 그 기록의 의미를 제대로 살리지 못하고 있다. 우산국이 독도를 포함하는 국가였음에도, 우산국과 울릉도를 동의로 해석하려는 세력의 논리에 밀려, 우산국 속의 독도의 존재를 확인하지 못하고 있는 것이다. 그것이 우산국과 독도를 분리시켜, 독도에 대한 우리의 역대 인식을 부정하려는 세력의 논리라는 것을 아는지 모르는지, 우산국 속의 독도에 무관심하다. 그것은 독도문제의 본질을 파악하는 데 있어 피해갈 수 없는 안용복의 에도행을 부정하는 것과 같은 현상이다. 안용복은 울릉도에서 납치된 상태에서, 에도의 관백을 만나, 울릉도와 독도가 조선령임을 주장하여 인정받았다고 진술한 내용이 우리 사서에 전한다. 그럼에도, 안용복을 허위에 능한 사람으로 단정하여, 그의 진술 자체를 부정하는 일본의 주장에 동조라도 하는지, 우리나라 대부분의 학자들은 안용복의 에도행을 허위로 보고 있다. 납치되었던 안용복은 물론, 그를 납치했던 세력, 그리고 그 지역의 기록까지도 안용복의 에도행을 언급하고 있는데, 어찌 된 일인지 그 사실을 믿으려 하지 않는다. 일본의 논리를 부정하다 일본의 논리에 함몰된 모양이다.

　동일의 섬을, 한일 양국은 독도와 죽도로 호칭하며 자국령임을 주장하고 있다. 17세기의 양국도 울릉도/죽도의 영유권을 논쟁한 끝에, 일본이 조선령임을 인정하게 되었고, 19세기 말까지의 양국은 그런 인식을 공유하고 있었다. 그러다 대륙침략으로 자국의 융성을 도모하려는 명치정부가, 죽도/울릉도에서 독도/자산도를 분리시키는 방법으로, 그것의 무주론을 세워, 일본령에 편입시켰는데, 그런 사고가 일본의 국론으로 자리하게 되었다. 이후로 일본은 우산국에서 독도를 분리시키는 논리의 정립을 노력하여, 우산국에 독도가 포함되지 않는다는 주장을 하며, 안용복의 독도 인식, 특히 에도행을 부정하는 논리구성에 열심이었다. 이런 상황에서 우리가 할 일은 자명해진다. 우산국에 독도가 포함되고, 안용복의 주장이 사실에 근거한다는 것을 입증하고, 일본도 인정하지 않을 수 없는 논리를 구축하면 될 것이다. 독도를 사랑하는 사람이 많고, 그 열정이 넘쳐흐름에도 불구하고 그런 논리를 개발하려는 흐름은 찾아보기 어렵다.

그래서 『삼국사기』가 전하는 이사부의 우산국 정벌담은 유행가 가사로 불려지는 정도로, 논리적으로 확인하려는 노력이 없어, 독도의 영유권을 확인하는 논쟁에서는 거론조차 되지 않는다. 17세기의 쓰시마가 『여지승람』의 내용을 부정하듯이 『삼국사기』를 무시하는 일본의 논리에 우리가 함락당한 것이다. 우리가 우리의 기록을 사장시키는 것에 반해, 우리와 비교할 수 없을 정도로 많은 자료를 확보하고 있는 일본은, 마치 그것들이, 독도에 대한 일본의 정통성을 입증이라도 해주고 있는 듯한 언동을 취하고, 우리는 그것을 두려워한다. 일본은 그 자료의 일부분을 소개하며, 독도에 대한 역사적 정통성을 주장하고 있는데, 우리 연구자들은, 그런 과정에서 흘러나오는 정보를 근거로 해서 일본 논리를 부정하려 하고 있으나, 시작부터 열세일 수밖에 없다. 정보의 모두가 아니라 일부에 근거하는 논리는, 새로운 자료의 등장과 더불어 부정될 수 있기 때문이다.

일본은 우리의 모든 자료를 분석하고 종합하며 자국의 자료까지 인용하나, 우리는 일본의 자료를 독자적으로 인용하지 못하고, 일본이 인용하는 정보를 재인용하는 정도이다. 이런 상황에서의 논쟁은 결과가 뻔하다. 우리의 논리가 아무리 뛰어나다 해도, 그것을 부정할 수 있는 결정적인 정보가 등장하게 되면, 부정당할 수밖에 없기 때문이다. 그래서 일본이 우리의 정보 모두를 확인했듯이, 우리도 일본의 정보 모두를 확인해야 한다. 그것이 대등한 논쟁을 전개할 수 있는 조건이었으나 우리의 선배들은 물론 현재의 우리들도 그렇지 못하다.

우리가 동족상잔의 전쟁을 전개하고 있을 때, 그것으로 경제부흥을 이루던 일본은, 『은주시청합기』의 일부분을 근거로 독도에 대한 정통성을 주장하기 시작했다(1950년대). 그러자 우리 학자들도 그것을 근거로 해서 일본 주장을 반박하여, 60년 가까이 반복적인 논쟁이 이루어졌다(2000년대). 그렇다면 우리는 그 사이에 그것을 분석하고 종합하는 작업을 했어야 했다. 그것이 논쟁에 임하는 최소한의 준비였을 것이다. 그러나 그 자료를 통독하며 본질을 이해하려고 노력한 학자는 한 사람도 존재하지 않았다. 그러면서 어떻게 일본과 역사적 정통성을 따졌는지 신기할 정도다. 그보다 더한 것은 3년에 걸친 작업을 거쳐 소개했을 때 일어난 일이다. 그것을 읽어보지도 않은 기존 세력들이 벌 떼처럼 일어나, 부분의 해석을 문제삼고 비난했다. 텔레비전 KBS 9시 뉴스까지 동참하여, 나에게 확인하는 일도 없이 영문도 모르는 비난을 해댔다. 지금까지도 나에게 묻는 일 없이 공저자인 오오니시만을 비방하는데, 틀린 주장으로, 그렇게 반응하는 이유를 알지 못한다.

일본은 우리의 자료를 모두 읽고 자신들의 논리를 구축하는 반면, 우리는 우리의 자료도 충분히 해석하지 않고 일본자료는 일본이 소개한 것만을 인용하며 논리를 전개한다면, 그 논쟁의 결과는 뻔한데,

일본이 모순을 보이는 자국의 논리를 철회하지 않는 것도 그 결과로 볼 수 있다. 말하자면 우리는 일본의 논리까지도 포함하여 납득시킬 수 있는 논리를 구축하지 못했다는 것인데, 우리가 독자적으로 일본의 자료를 해독하지 못한 것도 하나의 원인이라 할 수 있다.

일본은 한글과 한문을 해독할 능력을 구비하면 우리의 모든 자료를 해독할 수가 있는 데 반해, 일본의 자료는 일본어와 한문을 해독할 능력을 구비해도, 시대와 지역적 특수성을 훈련받지 않으면 읽어낼 수 없다는 데 문제가 있다. 한자로 기록된 우리의 기록은 한문이지만, 일본의 그것은 한자로 기록되었으면서도 한문이 아니다. 그 대표적인 것이『고사기』로, 그것은 한문의 종주국이라는 중국인들도 특수훈련을 하지 않으면 해독하지 못한다. 독도 자료는 유명하거나 수요가 많은 자료가 아니기 때문에 20세기까지는 활자화된 것이 거의 없어, 그것을 해독하기 위해서는 특수능력이 필요했고, 그래서 해독하는 사람이 많지 않았다.

이런 요인이 있어 우리가 일본자료의 활용에 독자적이지 못하고 일본이 흘리는 부분만을 인용하여 논리를 구축하려 했다. 그러나 일본어라면, 일본을 제외하고 우리만큼 자유롭게 사용하는 나라가 없어, 뜻만 있었다면, 독자적인 활용은 가능했기 마련이다. 그러나 내가 독도 문제에 입문한 2004년에는 완역된 자료가 전무했다. 일본어를 학문의 도구로 삼고 있는 나는, 자존심의 문제도 있어, 독자적으로 훈련을 쌓으며, 大西俊輝의 도움을 받아 해독하기 시작하여, 모든 자료를 편역주하여 소개하려는 결심까지 하게 되었다.

그러나 문제는 다른 곳에 있었다. 편역주를 마쳐도, 이익을 줄 수 있는 결과물이 아니기 때문에 출판사를 찾기 어려웠다. 여러 출판사에 연락도 해보았으나 답도 주지 않았다. 출판으로 이득을 보지 못한다는 것은 출판사만이 아니라 저자도 마찬가지다. 나는 비교적 많은 책을 내어 비난을 받고 있는데, 많은 지인들은 내가 많은 인세를 받는 줄 안다. 그러나 『은주시청합기』를 발행하고 약간을 받았을 뿐, 그 외에는 인세 대신으로 책 25권 정도를 받는 것이 전부다. 팔리지 않는 책이라는 것을 알고 시작했기 때문에 그것으로 만족하나, 출판된 책을 지인에게 분배하는 과정 등의 경비가 소요되어 책이 나올 때마다 경제적 손실을 보고 있다. 그래서 책이 출판될 때마다 출판사나 가까운 사람들에게 미안하다는 말을 되풀이한다.

나는 용기를 내어, 독도 문제에 관계가 많다고 생각하는 재단에, 출판사에 도움을 주거나, 출판물의 일부를 구입해주거나, 연구비를 지급하는 형태의 도움을 요청하며, 완성된 원고 일부분을 우송한 일이 있다. 그러자 재단은 원고를 반송하며 이사장의 답을 주었다. 아주 명쾌한 내용이었다. 개인이 단체를 상대로 불만을 이야기하는 것은 개인적으로 어리석은 일이지만, 너무 재미있어 소개하기로 한다.

권오엽 교수님께
안녕하십니까. *****재단 이사장 ***입니다.
평소 저희 재단에 보내주신 교수님의 관심과 성원에 깊이 감사드립니다. 일전에 교수님께서 저희 재단에 보내주신 독도 관련 일본서적 및 일본 고사료 번역 원고와 그것의 활용에 관해 제안하신 내용에 관하여 재단의 의견을 말씀드리고자 합니다.
교수님께서 보내주신 일본 고사료 3건의 경우 현재 '시마네현 Web, 죽도문제연구소 홈페이지(竹島問題に関する調査研究最終報告書-資料編)에 사료와 원문과 탈초문이 畵像으로 게재되어 있어 全文 열람이 가능한 상황이며 저희 재단이 이미 파악하고 있는 내용입니다. 그리고 일본서적 2건의 경우 이미 독도 관련 타기관에서 번역작업이 수행되었거나

발간을 앞두고 있는 것으로 알고 있습니다.
　따라서 독도 관련 기관 간의 사업 중복 방지 등을 고려할 때 저희 재단에서 同 자료의 번역 및 출판과 관련하여 지원하기 어렵다는 점을 해량하여 주시기 바랍니다. 언제나 저희 *****재단에 깊은 관심을 가져주신 점에 대해 진심으로 감사드리오며 앞으로도 더욱 성원하여 주시기를 부탁드립니다. 더불어 교수님의 연구 활동이 뜻있는 성과를 거두시기를 기원하는 바입니다. 안녕히 계십시오.

2009년 10월 23일
*****재단이사장 *** 사인

일본자료 2편은 다른 곳에서 작업 중이고, 일본 고문서는 일본 시마네현 자료실에 있으니 소개할 필요가 없다는 것이다. 그러나 2권의 책은 결국 내가 영세출판사의 도움을 받아 출판했다. 다른 곳에서 출판되었다는 정보는 아직 접하지 못하고 있다. 그것들은 독도에 대한 일본 논리의 근간을 이루는 내용으로, 그것의 이해 없이는 일본 주장의 허실을 파악할 수 없는 자료였다. 그러나 이것에 대한 답은 충분히 납득하고 이해할 수도 있었다. 그다지 어려운 문장이 아니라 다른 사람도 노력하면 소개할 수 있기 때문이다. 문제는 고문서 자료가 「시마네현 웹」에 올라 있으니, 필요하면 그것을 활용하면 된다는 답이다. 어떻게 보아도 명쾌하기 짝이 없는 그 답은 도저히 이해할 수 없었다. 그렇게 명쾌한 답을 하는 이사장이라는 분의 의식이 어떠한 것인지 궁금하기 그지없어, 놀라지 않을 수 없었다.

이사장님은 사학을 연구한 분이라고 들었다. 그분이 그 자료를 해독할 능력을 가지고 있는지는 모르겠으나, 그런 능력을 구비하고 계신다고는 믿기 어렵다. 해독할 수 있어, 한 줄이라도 해독해본 일이 있는 분이라면 그런 답을 할 리가 없다. 아마도 그분은 자료를 소유하기만 하면 이해하고 보기만 해도 이해한다고 생각하시는 모양이다. 그분에게 「시마네현 웹」에 실려 있는 자료의 해독을 부탁하고 싶어진다. 해독하다 막히는 부분의 질문도 해보고 싶다. 가능하다면 고문서에 대한 토론이나 논쟁도 해보고 싶다. 일본 고문서의 해독을 통해, 고문서의 본질을 알게 되면, 지루하게 전개되는 역사적 정통성 문제는 저절로 해결될 것이라는 것이, 고문서 대부분을 통독한 나의 생각이기에, 이사장님의 명쾌한 답은 이해할 수 없다.

  자료가 일본의 도서관이나 박물관에 있으니, 필요하면 그것을 참조하면 된다는 사고를 하시는 분이 독도의 정통성의 논리를 구축하기 위해 설립된 재단의 이사장이라니, 어떻게 해서 그런 자리를 점령하게 되었는지 이해가 안 된다. 이런 분이 재단을 운영한다는 일이, 설립 목적을 달성하는 데 있어 장애물이 되는 것은 아닌지, 심히 불안하다. 모든 위치는 적임자에 의해서 점령되어야 한다. 어울리지 않는 분이 그런 자리에 앉는 것은, 본래의 목적을 파괴하는 일이 될 수도 있다. 만나볼 생각도 했으나, 나이 어린 그를 만나 이야기하는 것도 번거롭고, 그럴 시간이 있으면 고문서의 해독에 투자하는 것이 낫다고 생각했다. 그래도 그 명쾌한 인식에는 여전히 놀라고 있다.

  우리의 독도에 대한 정열은 대단하여, 문제가 발생할 때마다 많은 국민이 뜨거운 열정을 보이고 있으나 그런 열정은 일본인들도 가지고 있다. 그것은 천황의 천화사상에 선동되어 침략전쟁에 즐겁게 합류하는 그들을 우리는 충분히 경험했다.

  독도 문제에 대한 우리의 반응을 보며 이상하게 느낀 점이 있다. 일본이 독도의 영유권을 언급할 때마다 우리는 크게 분노하고, 언론들은 일본 학자의 입을 빌려 그것의 부당성을 확인하려 하는 것이 일정한 형태이다. 일본의 주장이 부당하다면 우리의 독자적인 논리로 그 모순을 입증하려 해야 함에도, 우리의 언론들은 그렇게 하려 들지 않는다. 왜 그럴까, 우리 학자들이 확실한 논리를 구축하지 못하고, 일본에 의해 부정당한 논리만을 되풀이한다는 것을 알기 때문일까. 만일 우리의 논리가 부족하다면 완전한 논리의 구축을 촉구해야 하는 것 아닌가. 그런 일 없이 일본학자의 입만 바라보며 불안해 할 필요가 달리 있는 것인지 물어보고 싶다. 논리가 불완전하다는 점에서는 일본학자들도 다름이 없다. 어쩌면 우리의 그것보다 더 허점투성이다. 또 일본학자들이 독도의 우리 영유를 인정하는 일도 없다. 자료를 객관적으로 해독하려고 하는 일본학자들도, 자료를 분석해보면, 울릉도와 독도를 일본의 영토로 인식한 내용을 확인할 수 없다는 것이지, 그것이 우리의 영토임을 증명하는 자료라고는 말하지 않는다. 울릉도의 조선의 정통성을 인정하는 경우에도, 독도를 울릉도와 분리하여 대응한다. 그런 면에서는 일본 정부의 주장과 궤를 같이한다. 그런데도 문제가 발생할 때마다 「일본의 노학자도 독도가 우리 영토임을 인정했다」라는 식의 보도를 해댄다. 나는 일본의 독도학자 몇을 알고, 그들과 교분도 가지고 있음에도, 그들이 독도에 대한 우리의 정통성을 인정하는 말을 들은 일이 없다. 그것은 일본이 아니라 우리가 구축하고 도출해내야 하는 결정적 논리이다.

한일관계의 모든 것이 그렇지만, 결론의 매듭은 우리가 지어야 한다. 결론의 입구까지 전개된 내용을 가지고, 그것이 결론인 양 호들갑을 떠는 것은 부끄러움을 모르는 일이다. 이런 현상은 우리 논리가 가지는 취약성에 근거하는 불안감 때문이라고 생각한다. 그처럼 일본학자들의 입만 바라보며 불안해하기보다는 우리 스스로 독자적인 논리를 구축해야 한다. 그러기 위해서는 일본의 박물관이나 도서관의 자료실에 관련 자료가 존재한다는 사실의 파악만으로는 부족하다. 그것을 일본인의 사고가 아닌 우리의 사고로 해독하는 작업이 필요하다. 그런 과정을 거쳐 우리의 독자적인 논리를 구축해야 일본을 납득시킬 수 있고, 세계의 인정을 받을 수 있을 것이다. 일본자료를 제외한, 일본자료를 이해하지 못한 상태에서, 우리의 자료만을 근거로 해서 구축하는 논리만으로는 부족하다. 그런 면에서 앞의 재단이사장의 의견은 독자논리 구축이 무엇인지, 또 그것을 구축하는 방법을 모르기 때문에 내놓을 수 있는 의견이라고 말하지 않을 수 없다.

2011년 9월 30일
우산봉 자락에서
동산 權五曄

(33-03)

〃陶山庄右衛門江御渡被成候御書付左ニ記之

(33-03)

〃[御老職から]陶山庄右衛門へ御渡しに成った御書付を左に記す。

(33-03)

〃[노직이] 스야마 쇼우에몬에게 건네주신 서부를 아래에 기록한다.

光

忠屋源 今 相解 候御陵 毎 田
共 作 用 可被
漁 頁庵 御
写 信 御 坐
四月廿七日

田鴻十郎 二来
杉村 釈女
平田 婦人

陶山鹿蔵殿

　　　覚

貴殿儀今度朝鮮江被差渡候多田与左衛門江被仰付候御用向之儀附り
与左衛門帰国之首尾旁貴殿存寄之通申談宜様ニ了簡仕候様ニ与之御意
候以上

　　四月廿七日　　　　　　　　　　　　　　田嶋十郎兵衛

　　　　　　　　　　　　　　　　　　　　　杉村采女

　　　　　　　　　　　　　　　　　　　　　平田隼人

　　陶山庄右衛門殿

　　　覚

　貴殿を、この度[お役目として]朝鮮へ差し渡すことになった。[そ
の御役目というのは]多田与左衛門に対し[これまで]命じて置いた御
用向き[の竹嶋一件]の事に附いてである。与左衛門については[御承
知の通り、その交渉は膠着状態に陥ってしまった。やむなく]帰国の
首尾と相なった。だが[なお懸案は残り、解決に至ってはいない。そ
れゆえ]色々と貴殿が考えている事を[与左衛門に]その通りに語り[前
後をよく]相談し[この折]宜しい様に執り計らってもらいたい。その
ような[御隠居様の]御考えである。以上

　　四月廿七日　　　　　　　　　　　　　　田嶋十郎兵衛

　　　　　　　　　　　　　　　　　　　　　杉村采女

　　　　　　　　　　　　　　　　　　　　　平田隼人

　　陶山庄右衛門殿

각

　귀하를 이번 [역할로 해서] 조선에 건네 보내기로 했다. [그 역할이라는 것은] 타다 요자에몬에게 [지금까지] 명해 두었던 용건[의 죽도 일건]에 대한 것이다. 요자에몬에 대해서는 [아시는 바와 같이, 그 교섭이 교착상태에 빠지고 말았다. 어쩔 수 없이] 귀국할 상황이 되었다. 그러나 [아직 현안은 남은 채로, 해결에 이르지 않았다. 그래서] 여러 가지로 귀하가 생각하고 있는 것을 [요자에몬에게] 그대로 이야기하여 [전후를 잘] 상담하여 [이번에] 잘 되도록 처리해주었으면 한다. 그와 같은 [은거하신 분의] 생각이시다. 이상

　4월 27일　　　　　　　　　　　　　타지마 쥬우로우베에

　　　　　　　　　　　　　　　　　　스기무라 우네메

　　　　　　　　　　　　　　　　　　히라타 하야토

　스야마 쇼우에몬 토노

一 閑山島左右二船中ニ相伊此書付別ニ返候

一 鼓左右沈

(33-04)

〃陶山庄右衛門船中より相伺候書付則御返答之趣左ニ記之

(33-04)

〃陶山庄右衛門が[朝鮮に向かう]船中から[発した]質問の書付である。それに対する[御隠居さまの意を汲んだ御家中からの]御返答がある。その趣旨を左に記す。

(33-04)

〃스야마 쇼우에몬님이 [조선행] 선중에서 [보낸] 질문의 서부이다. 그것에 대한 [은거하신 분의 뜻을 담은 가로의] 반답이 있다. 그 취지를 아래에 기록한다.

覚

一 与左衛門殿御帰国之儀彼方江被仰渡候而後万一彼方より御返簡改

　可申候間御返シ被成候へと被申懸其御返答ニ御改被成候御返簡

　を此方ニ御為見被下候へ某心ニ

覚(質問の書付)

一 与左衛門殿が御帰国に成るという事を、あちらへ伝達された後、

　万一あちらから御返翰を修正いたしますので[今回お渡しの御

　返翰を]御返し下さいと申し掛けられたならば、その御返答に

　ついては、まず修正した御返翰をこちらに御見せ下さい[と申

　し出るつもりである。]拙者の考えに[照らし合わせ]

각(질문의 서부)

1. 요자에몬님이 귀국하게 된다는 것을, 저쪽에 전달하신 후, 만일

　에 저쪽에서 반한을 수정할 것이니 [이번에 건넨 반한을] 돌려

　주세요라고 말을 하면, 그 반답에 대해서는, 먼저 수정한 반한을

　이쪽에 보여주세요[라고 말할 예정이다.] 졸자의 생각에 [비추어

　보아]

此分ニ而者対馬より東武江差出候而も苦かる間敷与奉存候程ニ改候者直
ニ申請候而先頃受取置候御返簡返進可仕候左様無御座候而者返進仕儀
不罷成与御申候段可然哉与奉存候

この分なら対馬から東武へ差し上げても支障は無いと、そのように
判断ができる程度に[もしも文言が]改めてあれば、直ちに申し請け
[を致すつもりである。そして]先頃受け取り置いた御返翰を[早々に]
返却致すつもりである。そうでなければ[御返翰を]返却するような事
はできないと、そのように申し出るつもりである。そのような事で
よろしいか。

이 정도라면 쓰시마가 동무에 올려도 지장이 없다고, 그렇게 판단할
수 있는 정도로 [혹시 문언이 고쳐져 있으면, 바로 받]을 생각이다. 그
리고] 지난번에 수취해 두었던 반한을 [바로] 반각할 생각이다. 그렇
지 않으면 [반한을] 반각하는 일을 할 수 없다라고, 그렇게 이야기할
계획이다. 그렇게 해서 좋을까요.

返答

一 右之趣成程尤二候間其通二可仕候必改候御返簡を不見届二右二請取
　置候御返簡差返シ被申間敷事

[これに対する]返答

一 右の[申し出の]趣旨は、成る程もっともな事である。その通りに
　行って支障はない。修正された御返翰を見届けなければ、右に
　請け取り置いた御返翰を[あちらに]差し返す必要はない。

[이것에 대한] 반답

1. 위의 [말하는] 취지는, 참으로 당연한 일이다. 그대로 하면 지장
　이 없다. 수정된 반한을 확인하지 않으면, 위의 받아두었던 반한
　을 [저쪽에] 돌려줄 필요가 없다.

一　先比頃御請取置候御返簡を彼方より改り之御返簡持下らさる前ニ御返
　　し被成候者只犯越侵渉与申不有欠誠信之道乎与申候類之所のミ除
　　候而文体をやわらけ被申たる迄ニ而八十年以来彼嶋を日本之属嶋与
　　被成たる様体御使者申分ニ而承り候与申儀者決而書入被申間敷与

[質問の書付]

一　先頃、受け取り置いた御返翰を、あちらから修正の御返翰が来
　　る前に[あちらに]御返しに成られる事は[交渉としては拙劣なこ
　　とである。あちらが修正に応じると言うのは]只、犯越、侵
　　渉、欠誠信という類の所だけを除き[全体の]文体を軟らげるだ
　　けの事である。八十年来、彼の島が日本の属島に成っていたと
　　いう状態は[こちらの]御使者の言い分だけのことである。[それ
　　をあちらが]承知したと言うような事ではない。[だから、その
　　ような文言をあちらは]決して書き入れる事は無いと

[질문의 서부]

1. 지난번에 수취해 두었던 반한을, 저쪽에서 수정한 반한이 오기
　　전에 [저쪽에] 반각하게 되는 일은 [교섭으로서는 졸렬한 일이
　　다. 저쪽이 수정에 응한다고 말하는 것은] 그저, 범월, 침섭, 결
　　성신이라고 말하는 류의 곳만을 삭제하고 [전체의] 문체를 부드
　　럽게 하는 것일 뿐이다. 80년래, 그 섬이 일본의 속도로 되어 있
　　었다고 하는 상태는 [이쪽의] 사자가 말하는 것일 뿐이다. [그것
　　을 저쪽이] 알았다고 말하는 것과 같은 일은 아니다. [그러므로,
　　그 같은 문언을 저쪽이] 결코 기입하는 일은 없다고

奉存候彼方より御返シ被成候得与被申候而も御返シ不被成館守ニ御預
ヶ置候而御帰国之後御改之御使者彼御返簡付段々与被仰懸旨有之候
者八十年以来彼嶋を日本之属嶋与被成たる様体を御使者申分ニ而承り
候与申儀を書入られ候事も可有御座哉与奉存候

思う。あちらから[御返翰を]御返し下さいと確かに言われても、御返
しに成られず、館守に預け置く[べきであろう。与左衛門殿が]御帰国
の後に、改めて修正要求の御使者を[再度、派遣し]あちらからの御返
翰[を担保に]付けて、色々と仰せ懸られるような旨[の交渉ができれ
ばよいと思う。そうなれば]八十年以来、彼の島が日本の属島に成っ
ていたという状態を、御使者が申す分としては承ったと言うような
事を[あちらが、あるいは]書き入れる事になるかもしれない。[この
ような段取りで事を進めたいが、それでよろしいか。]

생각한다. 저쪽에서 [반한을] 돌려주세요라고 분명히 말해도, 돌려주
지 말고, 관수에게 맡겨 두[어야 할 것이다. 요자에몬이] 귀국한 후에,
다시 수정을 요구하는 사자를 [다시 파견하여] 저쪽의 반한[을 담보
로 해서, 여러 가지로 요구할 수 있을 것 같은 내용[의 교섭을 할 수
있으면, 좋다고 생각한다. 그렇지 않으면] 80년래로, 그 섬이 일본의
속도였다는 상태를, 사자가 요구하는 것을 알았다고 말하는 것과 같
은 일을 [저쪽이, 어쩌면] 기입하는 일이 될지도 모른다. [이 같은 생
각으로 일을 진행하고 싶은데, 그것으로 좋은 것인지.]

返答

一　如被申越候書改之御書簡不見届前ニ右ニ請取置候御返簡彼方へ被
　　相渡候ハヽ、必定書改候御返簡直り様冝ケル間敷候間万一可書改
　　之旨申候ハヽ、下書ニ而得与被見届不冝与被存所も有之候ハヽ、幾
　　重にも被申談為書改本書請取被申候而後ニ弥右之御返簡者可被
　　差返事

[これに対する]返答

一　[貴殿からの]申し出は、その通りである。修正された御書翰を見
　　届けぬ前に、右に請け取り置いた御返翰を、あちらに渡してし
　　まえば[その後は一体]どのように修正された御返翰が届くことに
　　なるであろうか。おそらく、その直り様は[さらに]冝しく無いも
　　のに成っている事であろう。万一[あちらが]書き改めると、その
　　ような趣旨を申し出るような事があれば[まずは]下書きを、じっ
　　くりと見届けるのがよいであろう。その上で、冝しくないと思
　　う所が有れば、幾重にも[そちらで]相談をして、書き改めて貰う
　　のがよいであろう。そして[その確認の後]正本の書翰となったも
　　のを請け取るべきである。その後に、いよいよ右の御返翰を差
　　し返すという段取りになる。

[이것에 대한] 반답

1. [귀하가] 생각하시는 것, 그대로이다. 수정된 반한을 확인하기
　　전에, 전에 받아두었던 반한을 저쪽에 건네주고 말면 [그 후에
　　는 도대체] 어떻게 수정된 반한이 도착하게 될 것인가. 아마도

그 고친 내용은 [더] 좋지 않은 것이 되어 있을 것이다. 만일 [저쪽이] 개서한다고, 그러한 취지를 말하는 일이 있으면 [먼저] 사본을 충분히 확인하는 것이 좋을 것이다. 그런 후에 좋지 않다고 생각하는 부분이 있으면, 몇 번이고 [그쪽과] 상담하여, 다시 기록하여 받는 것이 좋을 것이다. 그리고 [그것을 확인한 후에] 정본의 서한이 된 것을 청취해야 한다. 그런 후에 위의 반한을 돌려준다고 하는 순서가 된다.

一 与左衛門殿御帰国之首尾も彼御返簡を東莱江御返し候迄ニ而御帰
　り候より者館守ニ御預ケ置候而御帰り候歟増にて可有御座哉与
　奉存候

[質問の書付]

一 与左衛門殿が御帰国となる首尾について[その折]あちらからの御
　返翰を[そのまま]東莱へ[直に]御返しになって御帰りになるよ
　り、館守に[一旦、御返翰を]御預け置いた状態にして御帰りに
　なっては如何であろうか。こちらの方が[交渉が続いている形に
　なり、今後の事を考えれば、遥かに]増し[な段取り]ではなかろ
　うかと、そのように思うところである。[如何であろうか。]

[질문의 서부]

1. 요자에몬이 귀국하는 상황에 대해 [그때] 저쪽이 보낸 반한을
　[그대로] 동래에 [바로] 돌려주고 돌아오는 것보다, 관수에게 [일
　단 반한을] 맡겨둔 상태로 하고 돌아오시면 어떨까요. 이렇게
　하는 것이 [교섭이 계속되고 있는 형태가 되어, 금후의 일을 생
　각하면, 훨씬] 좋[은 방법이] 아닐까요라고, 그렇게 생각하는 바
　이다. [어떨까요.]

返答

一 此趣者高勢八右衛門^江家之中より以書付申達候様^ニ与左衛門帰国
　之首尾従　御隠居様御差図^ニ付帰国被仕候就夫右^ニ請取置候御返
　簡之内難心得与存候御書面を御尋不申候而請取帰国者難仕候故
　不審^ニ存候所御尋申入候由^ニ而

[これに対する]返答

一 この[ご提案の]趣旨については、高勢八右衛門へ家中の者から書
　付けを以て申し伝えておいた。そこに載せてある様に、与左衛
　門の帰国の首尾については、御隠居様からの御差図によって、
　その帰国が許可されたのである。だがそれに就いて[附言して置
　くと、与左衛門が]受け取り置いた御返翰の中には、心得難いと
　思う御書面[の箇所がある。この事をあちらに]御尋ねせず[この
　まま返翰を]受け取り帰国するようなことはできない。それゆえ
　不審に思う所を[取り上げ]御尋ねとして[あちらに]申し入れるよ
　う[命じてある。]その趣旨を

[이것에 대한] 반답

1. 이 [제안의] 취지에 대해서는, 타카세 하치에몬에게 가신 중의
　한 사람이 서부로 전해두었다. 그것에 기록되어 있듯이, 요자에
　몬 귀국의 상황에 대해서는, 은거하신 분의 지시에 따라, 그 귀
　국이 허가된 것이다. 그러나 그것에 대해 [부언해 두자면, 요자
　에몬이] 수취해 두었던 반한 중에는 이해하기 어렵다고 생각하
　는 서면[의 개소가 있다. 그래서 이상하게 생각하는 것을 [들어

서] 질문으로 해서 [저쪽에] 해명을 요구하도록 하라고 [명한 것
이다.] 그 취지를

真文被相渡不取合様子か又ハ段々与可及延引勢イに候ハ、右之御返
簡請取帰国難仕由゠而館守^江被相渡置帰国之筈゠候万゠一可書改由申候
ハ、前二ヶ条之返答゠申述候様゠可被仕事与左衛門帰国之首尾之儀者
委細ハ右衛門^江相渡候覚書゠書載有之候故不能詳候

真文にして[あちらに]渡すよう[御差図がある。その結果、あちらが、
なお]取り合わぬ様子か、または色々と[理由を付けて、回答を]延引さ
せるような勢いとなれば、右の御返翰を[正しく]受け取り帰国すること
など、もう成り難い事となる。それゆえ[御返翰は]館守へ渡し置き、そ
のまま帰国する手筈となる。万が一、書き改めるとの由を[あちらが]申
し出て来たならば、前の二箇条の返答で申し述べた様に[それなりの対
応が]行われることになる。与左衛門が帰国となる首尾については、そ
の委細を八右衛門へ渡した覚書の中に書き載せている。それゆえ[それ
を参照されたい。今ここで一々]詳しくは述べないでおく。

한문으로 해서 [저쪽에] 건네주도록 하라는 [지시가 있다. 그 결과, 저쪽이
계속] 상대하지 않으려고 하는 상황이거나, 또는 여러 가지 [이유를 붙여
서 회답을] 연기하려고 하는 태도를 보이면, 위의 반한을 [바르게] 수취하
여 귀국하는 일 등은, 이미 어렵게 된다. 그렇기 때문에 [반한은] 관수에게
건네주고, 그대로 귀국해야 한다. 만일에 개서한다고 하는 내용을 [저쪽이]
말한다면, 전에 2개조의 반답으로 말한 것처럼 [그것에 따른 대응이] 이루
어지는 것이 된다. 요자에몬이 귀국한다는 상황에 대해서는, 그 자세한 것
을 타카세 하치에몬에게 건네준 각서에 기재해 두었다. 그러니 [그것을 참
조했으면 한다. 지금 여기서 하나하나] 자세히는 말하지 않겠다.

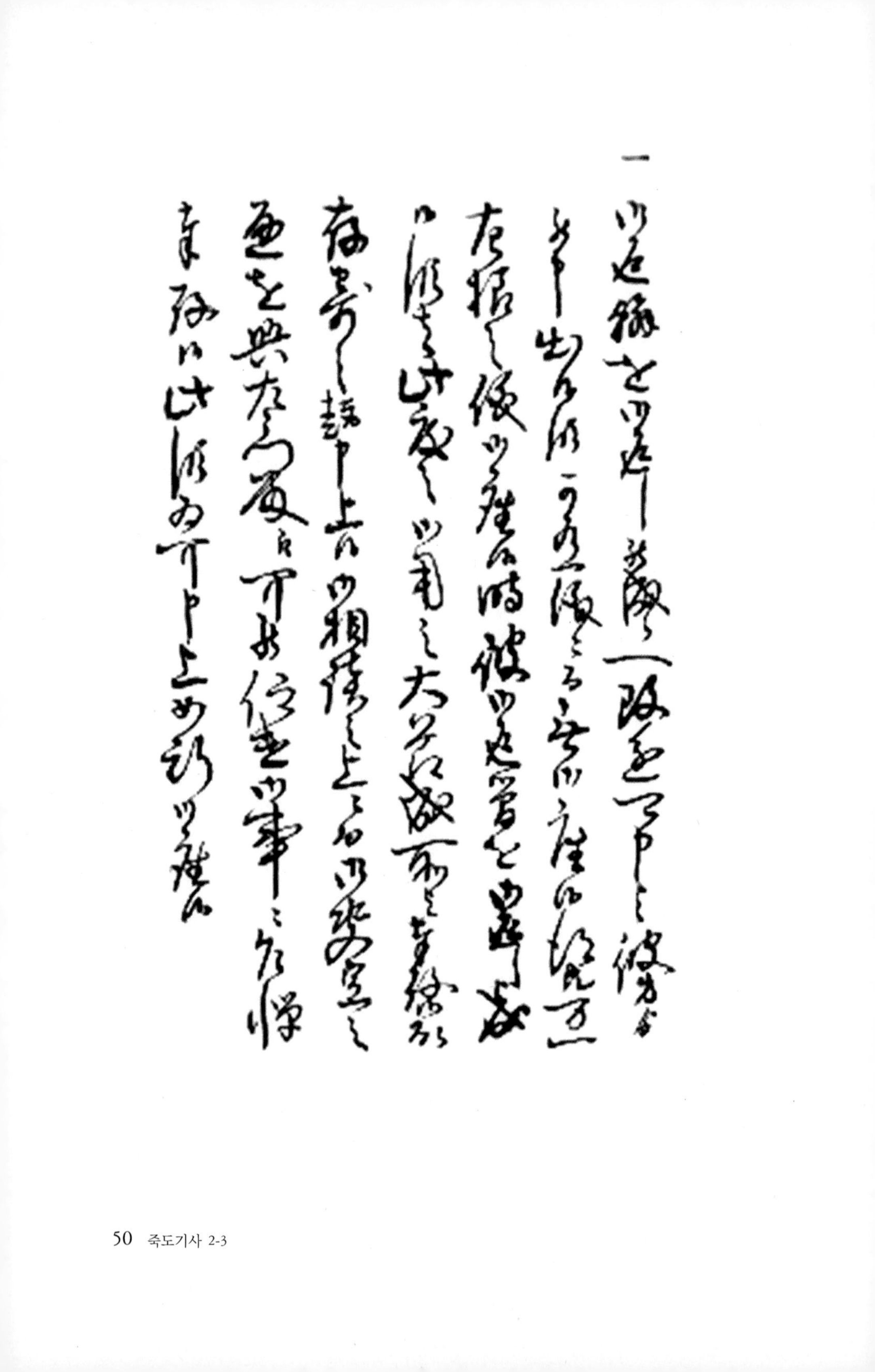

一　御返翰を御返し被成候へ改進可申与彼方より被申出候段可有儀
　　　"而無御座候得共万一左様之儀御座候時彼御返簡を御返し被成
　　　候段者此度之御用之大節成所与奉存候故存寄之趣申上候御相談
　　　之上"而御決定之通を与左衛門殿江可被仰遣御事"乍憚奉存候此
　　　段為可申上如斯御座候

[質問の書付]

一　[あちらが]御返翰を御返し下さい、修正を致しますので、その
　　ように申し出る可能性は無い。しかし万一そのような事が起こ
　　れば、あちらからの[要望を受け]御返翰を御返しするということ
　　にならざるを得ない。そのような[返却の]段階とは、この度の御
　　用に於いて[もっとも]大切な所と思っている[註1]。それゆえ[拙者
　　が]考えるところの趣旨を[一応ここで]申し上げておく。[よくよ
　　く御老職の方々で]御相談の上、その決定の通りを[正しく]与左
　　衛門殿へお伝えいただきたい。そのような事が、恐れ多いこと
　　ではあるが[この際、必要な事であると]このように思うので、こ
　　の事を、ここで申し上げさせていただいた。

[질문의 서부]

1. [저쪽이] 반한을 돌려주세요, 수정할 테니까라고, 그렇게 말할
　　가능성은 없다. 그러나 만일 그러한 일이 있으면, 저쪽의 [요망
　　에 따라] 반한을 돌려준다는 일이 되지 않을 수 없다. 그러한
　　[반각의] 단계란, 이번 용건에 있어 [가장] 중요한 일이라고 생
　　각한다. 그렇기 때문에 [졸자가] 생각하는 것의 취지를 [일단 이

곳에] 말씀드려 둔다. [신중하게 노직 분들이] 상담한 후에, 결정한 것을 [바르게] 요자에몬님에게 전해주었으면 한다. 그러한 일이, 황송한 일이기는 하나 [이참에 필요한 일이라고] 이렇게 생각하기 때문에, 이 일을, 여기서 말씀드렸습니다.

返答

一 被申越候様ニ書改之御返簡不見届前ニ彼方江右之御返簡被相渡候段
　者決而不宜候間左様可被相心得事
　右之通夫々ニ御了簡之通返答書ニして差越候条則此書付与左衛
　門八右衛門江も申達幾重ニも後々仕克様ニ双談可被仕候爰元より
　被思召上候与者朝鮮表之様子

[これに対する]返答

一 [そちらが]申して来た通りに[こちらも思っている。]修正された
　御返翰を見届けぬ前に、あちらへ右の御返翰を渡してしまって
　は、決して宜しい結果にはならない。[与左衛門には、その事を
　伝えてある。]そのような事であるから、よく心得て[お勤めを
　なさるように]されたい。
　右の通り、それぞれについて[老職中の]御理解の通りを[ここに]
　返答書として差し渡しておく。しかもこの書付けは与左衛門と
　八右衛門へも渡し[事の趣旨を十分に]知らせておく。[彼らと]幾
　重にも[打ち合わせを行い]後々までも[明白となるよう、そのよ
　うに問題を]克服できるよう[よく]相談をしておいて貰いたい。
　こちらで[あれこれと]思い描く事と、朝鮮表にての[実際の]様子
　や、

[이것에 대한] 반답

1. [그쪽이] 말한 대로 [이쪽도 생각하고 있다.] 수정된 반한을 보기
　전에, 저쪽에 위 반한을 건네주고 말면, 결코 좋은 결과가 되지

않는다. [요자에몬에게는, 그 일을 전했다.] 그 같은 일이므로, 잘 생각해서 [일을 하시도록] 하셨으면 합니다.

위와 같이, 그것들에 대해 [노직들이] 이해하는 그대로를 [여기서] 답서로 해서 건네둔다. 그것도 이 서부는 요자에몬과 하치에몬에게도 건네 [일의 취지를 충분히] 알려 둔다. [그들과] 몇 번이고 [타협을 해서] 훗날까지도 [명백하게 될 수 있도록, 그렇게 문제를] 극복할 수 있도록 [잘] 상담해 주었으면 한다. 이쪽에서 [이것저것을] 생각하는 일과, 조선의 [실제] 상황이나

勢等違申事可有之候間たとへ此方より御差図被仰越候儀ニ而茂朝鮮之
勢ニよって決而不宜以後難被成儀者幾重ニも宜

その[現場での]勢いなどは[当然]違ってくる筈である。[そのような違
いの有る中では]たとえ、こちらから御差図を申し伝えても、朝鮮の
勢いによっては[その御差図の通りでは]決して宜しい結果を生まない
ものである。今より以後、もし困難な事が起こるようなら[皆で]幾重
にも[打ち合わせを行い]宜しい[結果が得られるよう、よくよく]

그 [현장의] 분위기 등은 [당연히] 다르기 마련이다. [그와 같은 차이
가 있는 가운데서는] 설령, 이쪽에서 지시를 전해도, 조선의 흐름에
따라서는 [그 지시대로는] 결코 좋은 결과를 낳지 않는 것이다. 지금
이후로, 만일에 곤란한 일이 일어나게 되면 [모두가] 몇 번이고 [협의
하여] 좋은 [결과를 얻을 수 있도록, 잘]

双磯ゟ仕ハ振〴〵申候以上

六月九日

田澤吉左衛門
杉村采女
平田隼人

陶山庄右衛門

双談可仕候様゛与之御意゛御座候以上

　　　五月九日　　　　　　　　　田嶋十郎兵衛

　　　　　　　　　　　　　　　　杉村采女

　　　　　　　　　　　　　　　　平田隼人

　　陶山庄右衛門殿

相談して[対応して]貰いたい。そのような[御隠居様の]御考えである。申し伝えることは以上である。

　　　五月九日　　　　　　　　　田嶋十郎兵衛

　　　　　　　　　　　　　　　　杉村采女

　　　　　　　　　　　　　　　　平田隼人

　　陶山庄右衛門殿

상담하여 [대응해] 주었으면 한다. 그와 같은 [은거하신 분의] 생각이다. 전하는 일은 이상이다.

　　　5월 9일　　　　　　　　　타지마 쥬우로우베에

　　　　　　　　　　　　　　　스기무라 우네메

　　　　　　　　　　　　　　　히라타 하야토

　　스야마 쇼우에몬토노

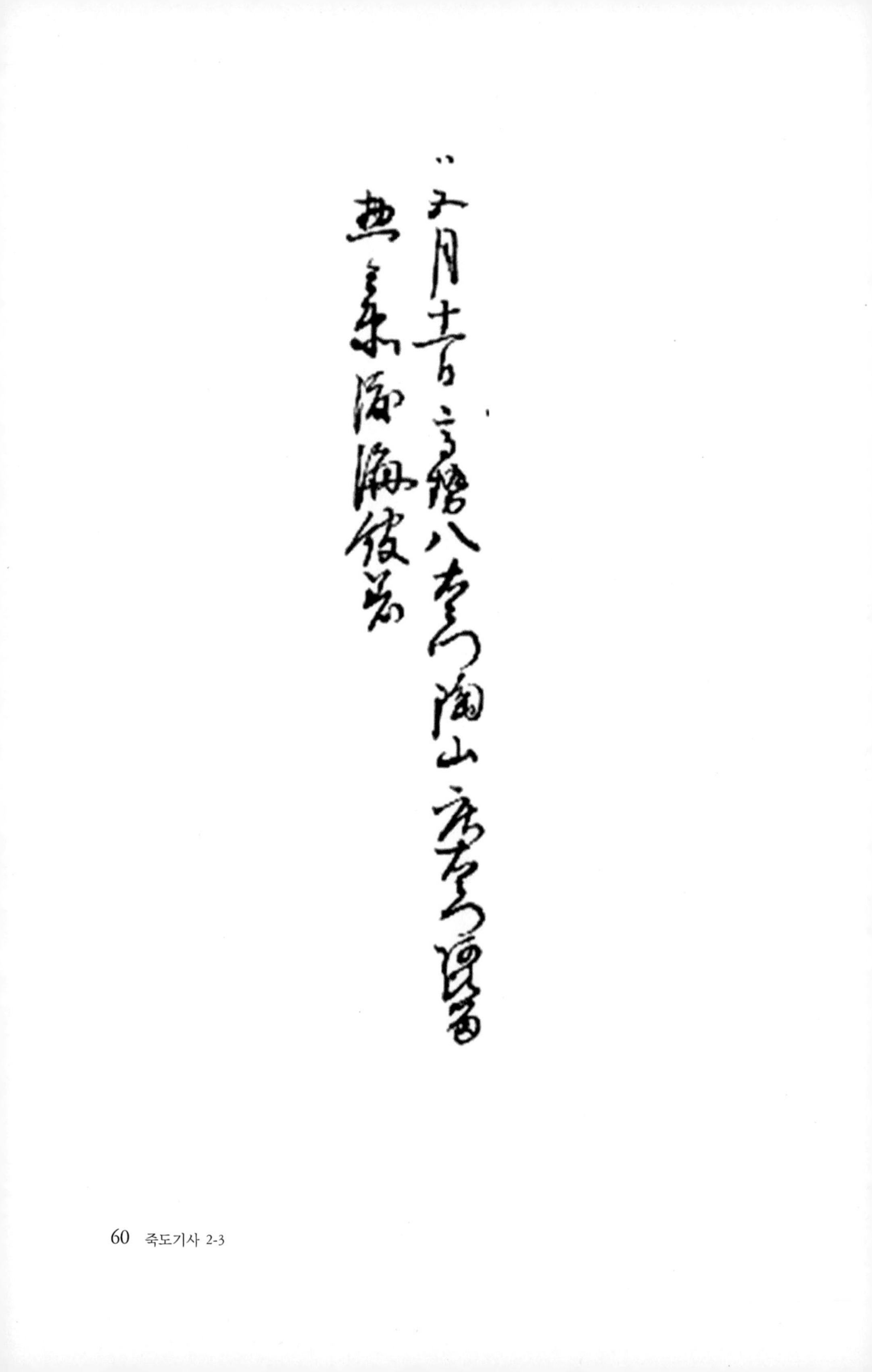

正月十二日礑八日陶山
典菜源麻彼方

(33-05)

〃五月十一日高勢八右衛門陶山庄右衛門阿比留惣兵衛渡海館着

(33-05)

〃五月十一日、高勢八右衛門、陶山庄右衛門、阿比留惣兵衛が渡
海し、草梁和館に到着した。

(33-05)

〃5월 11일에 타카세 하치에몬, 스야마 쇼우에몬, 아비루 소우베에
가 도해하여, 초량화관에 도착했다.

≪解説≫

註1、この度の御用に於いて大切な所

返翰を朝鮮に返すという段階は、外交交渉に於いてもっとも大切なところと陶山庄右衛門は考えている。文字文章の争いをしているので、その書翰の返却とは、外交交渉の山場であることに間違いはない。だが、ここで返却について何度も念押しをして国元に確認したのは、第一次交渉に於いて不用意に書翰を返却した苦い経験から来ている。一旦、返却してしまえば、新たにどのような書翰が届こうと、以前のものとは関係なく、今度はその書翰についての議論となる。以前の交渉と、その繋がりが切れてしまうからである。

반한의 반각

반한을 조선에 돌려준다고 하는 단계는, 외교교섭에 있어 가장 중요한 일이라고 스야마 쇼우에몬은 생각하고 있다. 문자 문장의 다툼을 하고 있기 때문에, 그 서한을 반각한다는 것은 외교교섭의 중요한 일임에 틀림없다. 그러나 여기서 반각에 대해 몇 번이고 신중하게 본국에 확인한 것은, 제1차 교섭에서 쉽게 서한을 반각했던 쓰라린 경험에서 온 것이다. 일단 반각해버리면, 새로 어떠한 서한이 온다 해도, 이전 것과는 관계가 없어, 이번에는 그 서한에 대해서 의논하게 된다. 이전의 교섭과 그 연결이 단절되고 말기 때문이다.

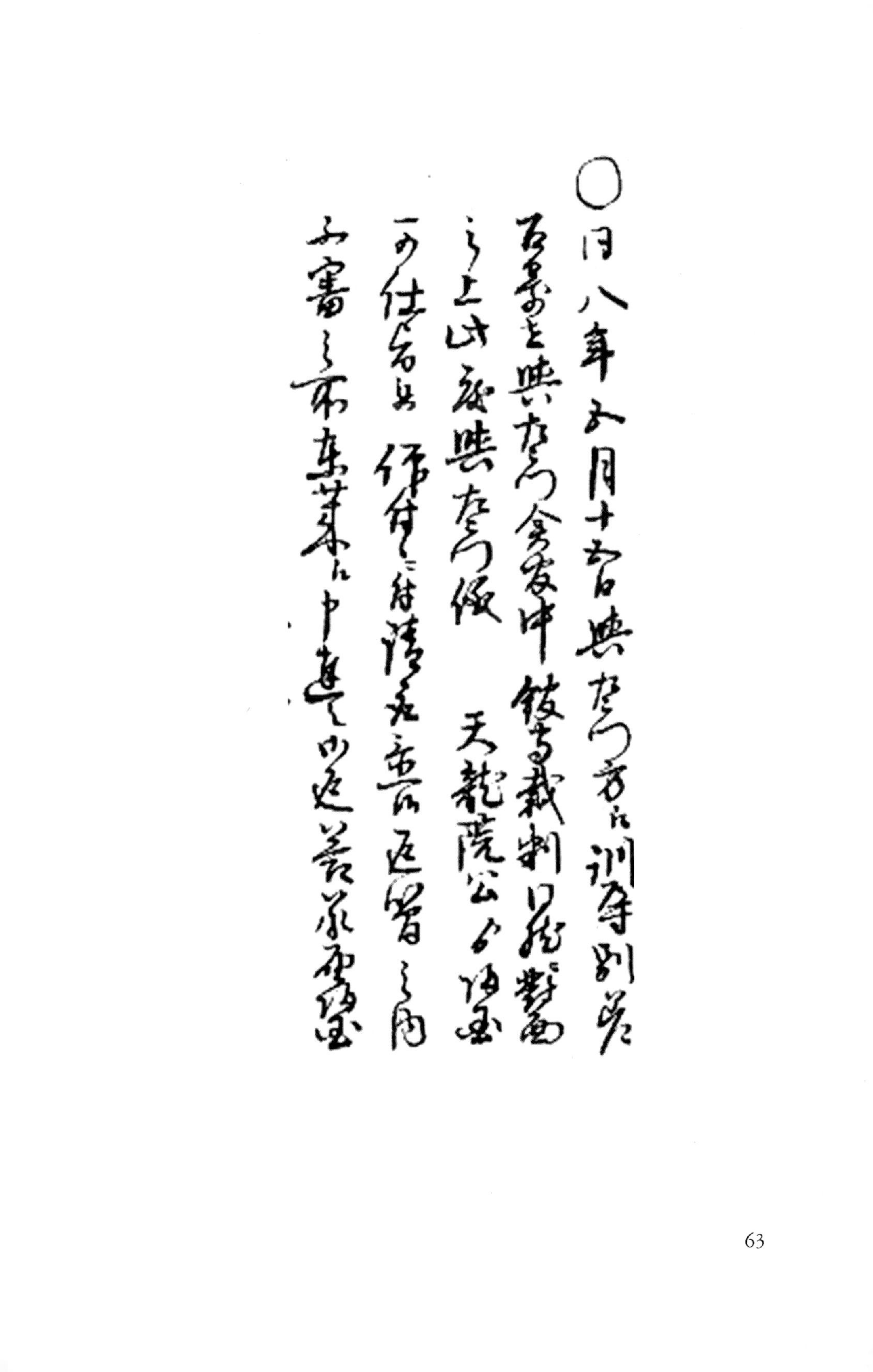

○日八年五月十五日典□□訓□別□
百□□□典□□今□中鉄□裁判□□□□
□上以□典□□仮　天龍院公□□□
一切仕□□　作□□清□□□□□角
□審□不□□中□以□善□□□

【大綱三四段（元祿八年五月②）】

(34-00)

○ 同八年五月十五日与左衛門方江訓導別差召寄せ与左衛門僉官中館
守裁判同然ニ対面之上此度与左衛門儀　天竜院公より帰国可仕旨
被仰付候ニ付請取置候返簡之内不審之所東莱江申達シ御返答承届
帰国

【大綱三四段（元祿八年五月②）】

(34-00)

○ 元禄八年五月十五日、与左衛門方へ訓導と別差とを召し寄せた。
与左衛門は僉官屋(草梁和館の内、西館の一つ)の中で、館守や裁
判とのように[直に]対面し[彼らと話し出した。]この度、拙者与
左衛門は天竜院(宗義真)公から帰国を命じられた。受け取り置い
た返翰の内には、なお不審の箇所がある。それを東莱府使へ伝
え、その御返答を頂かなくては、帰国は

【대강 34단(겐로쿠 8년 5월 ②)】

(34-00)

○ 겐로쿠 8년 5월 15일에 요자에몬 쪽에 훈도와 별차를 불러들였
다. 요자에몬은 검관옥(초량화관 내 서관의 하나) 안에서 관수
나 재판처럼 [직접] 대면하여 [그들과 이야기했다.] 이번에 졸자
요자에몬은 텐류우인(소우 요시자네) 공한테 귀국을 명 받았다.
수취해 두었던 반한 중에는 이상한 곳이 있다. 그것을 동래부사
에게 전하여, 그 반답을 받지 않으면, 귀국은

不仕候而ハ不罷成事与存候付其趣書付ニ相認東莱府使^江進之候且又僉
官中両度渡海ニ付御馳走を受ヶ置候得共此節帰国ニ付御馳走之品不残致
返進候都表^江右之段早々被及啓聞候様ニ東莱^江可申達旨申渡也

成り難い。そのように思うので、その趣旨を書付にしたためて置い
た。それを東莱府使へお渡し願いたい。そして又、僉官屋に[長らく]
滞在する中で、両度の渡海を果たし、その[両度のお役目]に付いて
[そちらから]御馳走を受けた。[その御馳走の品を、なお]ここに残し
置いている。[交渉半ばの]このような時節[使者が]帰国となっては[残
念ながら使者の役目を果たした事にならない。それゆえ]御馳走の品
は残らず[この際]お返し致すことにする。都表へ右の事情を早々に上
啓し[国王の]お耳に達するよう、東莱府使へ御伝言をお願いしたい。
そのような趣旨を[彼らに]申し渡した。

하기 어렵다. 그렇게 생각하기 때문에, 그 취지를 서부로 적어두었다.
그것을 동래부사에게 건네고 싶다. 그리고 또 검관옥에 [오랫동안] 체
재하는 가운데, 두 번 도해하여, 그 [두 번의 역할]에 대해 [그쪽에서]
어치주를 받았다. [그 어치주품을, 다시] 이곳에 남겨두었다. [교섭이
진행되는] 이러한 시기에 [사자가] 귀국하게 되어서 [유감스럽게도
사자의 역할을 다하지 못하였다. 그래서] 어치주품은 남김 없이 [이참
에] 돌려주기로 한다. 도성에 위의 사정을 빨리 알려 [국왕의] 귀에
들어가도록, 동래부사에게 전언해 주기를 원한다. 그러한 취지를 [그
들에게] 전했다.

興在馬方句訓辱
別
中陽以上教

去的左之說之

(34-01)

〃 与左衛門方より訓導別差^江申渡候口上之趣書付左^ニ記之

(34-01)

〃 与左衛門方から訓導と別差へ申し渡した口上がある。その口上
の趣旨を、書付にして左に記しておく。

(34-01)

〃 요자에몬 측에서 훈도와 별차에 전한 구상이 있다. 그 구상의 취
지를 서부로 해서 아래에 기록해 둔다.

一 拙子儀今度早々引取候様ニ与従　刑部大輔殿被申越候付追付致帰
　　国候就夫唯今請取置候御返簡之内難心得儀共数ヶ条御座候得共
　　拙子再渡之御返簡申請候上ニ而御返簡両通之趣を考合候而御尋
　　可申与存罷在候之処再渡之御返簡決而被成間敷由被仰切候然共
　　落着不申儀を其内ニ而罷帰

一 拙者は今度、早々に[朝鮮から]引き上げるよう、刑部大輔(宗義
　　真)殿から命じられた。それゆえ追っ付け帰国を致す。それに
　　就いて[申し述べておく事がある。]唯今、請け取っている御返
　　翰の内には、納得のいかない文言が数箇条ほどある。[それを
　　修正していただかなければならない。]また拙者が再度の渡海
　　を果たし[新たに朝鮮に]持ち渡った書簡があり、これに対して
　　も、御返翰を申し請けなければならない。だから[こちらにお
　　渡し下さる]御返翰は[以前のものと併せて]二通という事にな
　　る。その[二通の御返翰が下れば、これについて]考え合せ、御
　　尋ねすることがあり[こうして]申し入れを行って来た。だが再
　　度持ち渡った書簡に対しては、もはや御返翰は無いという。そ
　　のように[そちらから]言い切られてしまった。然しながら落着
　　しない事を、そのまま持ち帰り、

1. 졸자는 이번에 서둘러 [조선에서] 철수하도록 하라는, 교우부 다
　　이유우(소우요시자네)님의 명을 받았다. 그렇기 때문에 곧 귀국
　　합니다. 그것에 대해 [말해둘 일이 있다.] 지금 청취해두고 있는
　　반한에는 납득이 가지 않는 문언이 수 개조가 있다. [그것을 수

정해 주지 않으면 안 된다.] 또 졸자가 다시 도해하며 [새로 조선에] 가져온 서간이 있는데, 이것에 대한 반한을 받지 않으면 안 된다. 그러므로 [이쪽에 건네주실] 반한은 [이전의 것과 합하여] 2통이라는 것이 된다. 그 [2통의 반한이 내려오면, 이것에 대해] 검토하여, 질문할 것이 있어 [이렇게] 요구를 하고 있었다. 그러나 다시 가지고 건너온 서간에 대해서는, 반한이 없다고 말한다. 그렇게 [그쪽에서] 단언해 버렸다. 그러나 낙착되지 않은 것을 그대로 가지고 돌아가,

刑部大輔殿^江可申達様無御座候依之不審^二存候趣書付進之候道中往来
定而廿五六日^二者御返答可参候間日限余斗候而今日より三十日相待可
申候縦御返答無御座候共右之日数過候而者一日も滞留不罷成候御返
答不承致帰国候^二者心入も有之事候今度帰国^二付致受納置候両度分之
御馳走致返進候心入之儀者

刑部大輔殿へ申し伝える事もできかねる。それゆえ[請け取り置いた
御返翰の内]不審に思う所を[箇条の]書付にして[そちらに]お尋ね申す
ことにする。[都へ報告となれば]道中の往来もあり、おそらく二十
五、六日も経てば[こちらに]御返答が参ってくることであろう。日限
の余分を見込んで、今日から三十日ほどを待つことにする。たとえ
御返答が下って来なくても、右の日数が過ぎてしまえば、それ以後
[拙者は]一日たりとも滞留を続けるような事はしない。御返答を承る
ことなく[使者が]帰国するということになれば[交渉は破綻である。
そうなればこちらにも、それに応じた]考えがある。今度、帰国する
に付いて、受納して置いた両度分の御馳走を、この際、返却する事
にする。そして[こちらの]考えについては、

교우부 다이유우 님에게 말씀드리는 일도 하기 어렵다. 그러니 [청취
해둔 반한 중에서] 이상하게 생각하는 곳을 [개조의] 서부로 해서 [그
쪽에] 질문하기로 한다. [도성에 보고하게 되면] 도중의 왕래도 있어,
아마 25, 6일이나 지나야 [이쪽에] 반답이 오게 될 것이다. 날짜의 여
분으로 보아, 오늘부터 30일 정도 기다려야 한다. 설사 반답이 내려오
지 않는다 해도, 위의 일수가 지나버리면, 그 이후 [졸자는] 하루라도

체류를 계속하는 것과 같은 일은 하지 않는다. 반답을 받는 일 없이 [사자가] 귀국한다고 하는 일이 된다면 [교섭은 파탄이다. 그렇게 되면 이쪽도 그것에 대응하는] 생각이 있다. 이번에 귀국하는 것에 대해, 수납해 두었던 두 번의 어치주를 이참에 반각하는 것으로 한다. 그리고 [이쪽의] 생각에 대해서는

別紙書付進之候拙子儀両度迄罷渡剰三年ニ及候迄致滞留御用不相済致
帰国候段誠以残念至極存候度々申達候通去年之秋以来朝鮮国より拙
子ニ被対候而之被成方難心得事而已御座候首訳之儀をも兼而申達候得
共于今否之御返答も不承候来月十六日ニ者乗船仕儀ニ候間法例之通為
見送首訳罷下候様旁早々御注進可被成候

別紙の書付によって、この申し入れを行う。拙者は[朝鮮へ]二度まで
も渡り、三年にも及ぶ長滞留を続けて来た。だが御用を済ますこと
ができず、帰国することになった。この事は誠に以って残念至極に
思うところである。度々に渉り[そちらに]申し伝えた通り、去年の秋
以来、朝鮮国から拙者に対し、その対応、その成され方には、実に
我慢のならないものがあった。首訳の[再派遣の]事も兼ねてから申し
伝えて置いたが、今に至るまで、否の御返答さえも承らない。その
ままに[全く無視された形で、ことは]経過してしまった。来月(六月)
十六日には[いよいよ拙者は帰国となり]乗船と相なる予定である。だ
が法例の通り[ここで]見送りする筈の首訳が[いない。その時、この
地に]罷り下っていなければならない[筈が、そうなってはいない。]
そのような[法例の遵守が]なされるよう、あれこれと[手配をしてい
ただきたい。準備もあるであろうから]早々に[都に、このことの]御
注進を行っていただきたい。

별지의 서부로 해서, 요구하기로 한다. 졸자는 [조선에] 두 번이나 건
너와, 3년에 이르도록 오랫동안 체류하고 있었다. 그러나 용건을 해결
하는 일을 하지 못하고 귀국하게 되었다. 이 일은 그야말로 유감스럽

기 짝이 없다고 생각하는 바이다. 여러 번에 걸쳐 [그쪽에] 말씀드린 대로, 작년 가을 이래로, 조선국에서 졸자에 대해서, 그 대응, 그 하는 처사는 참으로 참을 수 없는 일이 있었다. 수역을 [재파견하는] 일도 전부터 말씀드려 두었으나 지금까지 안 된다는 답조차 받지 못했다. 그야말로 [완전히 무시당한 형태로, 일은] 경과하고 말았다. 내월(6월) 16일에 [결국 졸자는 귀국하게 되어] 승선하게 될 예정이다. 그러나 법과 전례대로 [이때] 전송해야 하는 수역이 [없다. 그때, 이곳에] 내려와 있지 않으면 [안 되는데, 그렇게 되어 있지 않다.] 그와 같은 [법례의 준수가] 지켜지도록, 이것저것 [수배해 주었으면 한다. 준비도 필요할 것이므로] 서둘러 [도성에 이 일을] 주진해 주었으면 한다.

一疑問四條奏呈

東萊府使大人以請鞱達于

京都

聞答書中時遣公差往來搜撿云謹按問備

伯耆二州迎民年年徃竹島港留以漁採間

暗伯耆二州次年年歟彼島穀魚於

東都彼島在大海中而風濤危險故非海上安

德之特別不得往來于彼島

貴國若實有遣公差之事則亦海上安穏

(34-02)

疑問四条奉レ呈ニシ

東莱府使大人ニ以テ請フト転達センコトヲ于

京都上ニ

回答書中ニ時ニ遣テニ公差ヲ往来捜撿スト云フ謹テ按スルニ因幡

伯耆二州ノ辺民年年徃キニ竹島ニ淹留シテ以テ漁採ス因

幡伯耆二州ノ牧年年献スニ彼ノ島ノ鰒魚ヲ於

東都ニ彼ノ島在テニ大海ノ中ニ而風涛危険故ニ非レハニ海上安

穏ノ之時ニ則チ不レ得ト往来スルコトヲ于彼ノ島ニ上

貴国若シ実ニ有ラハト遣ルノニ公差ヲ之事ト則亦タ当ニヘシニ海上安穏ノ

(34-02)

疑問四箇条

〔真文〕

疑問四条奉呈東莱府使大人以請転達于京都回答書中時遣公差往来

捜撿云謹按因幡伯耆二州辺民年年徃竹島淹留以漁採因幡伯耆二州牧

年年献彼島鰒魚於東都彼島在大海中而風涛危険故非海上安穏

〔読み下し文〕

　疑問の四条を東莱府使の大人に呈し奉り、以て京都に転達せん事
を請う。

　回答の書中に、時に公差を遣して往来捜撿すと云う。謹みて按ず
るに因幡伯耆二州の辺民、年年竹島に徃き、淹留して以て漁採す。
因幡伯耆二州の牧、年年彼の島の鰒魚を東都に献ず。彼の島、大海

の中に在りて、風涛危険の故に、海上安穏の時に非ざれば、則ち彼の島に往来することを得ず。貴国、若し実に公差を遣るの事有らば、則ち亦、当に海上安穏の

〔現代語訳〕

疑問とする四箇条があり[ここに記し]東莱府使の大人に呈する(註1)。京都に転送し[この疑問について、それぞれを明らかにし]ていただきたい。

一、[この度、罷り下った]回答の書中に[朝鮮では]時に政府の使者を[当該の]島に派遣するのだとある。この島に往来し[内部を]捜索探検するのだという。これを謹んで考えて見ることにする。因幡と伯耆の二州の辺民は、毎年竹嶋に往き、ここに滞留して漁採をする。そして因幡と伯耆の二州の太守は、毎年彼の島で獲れたアワビを東都(江戸)に献上する。彼の島は大海の中に在り、風涛の危険があるため、海上が安穏な時でなければ、島に往き来することはできない。貴国においても、もしも政府が使者を島に派遣するのであれば、それはまさに海上が安穏な時に

의문으로 생각하는 4개조가 있어 [여기에 기록하여] 동래부사 대인에게 정한다. 경도에 전송하여 [이 의문에 대해 각각을 분명히 해] 주셨으면 한다.

1. [이번에 내려온] 회답서 중에 [조선에서는] 자주 정부의 사자를 [당해의] 섬에 파견한다고 있다. 이 섬에 왕래하며 [내부를] 수색

검사한다고 한다. 이것을 삼가 생각해보기로 한다. 이나바와 호우키 2주의 변민이 매년 죽도에 가서, 이곳에 체류하며 어채한다. 그리고 이나바 호우키 2주의 태수는 매년 그 섬에서 잡은 전복을 동도(에도)에 헌상한다. 그 섬은 대해 중에 있어 풍도의 위험이 있기 때문에, 해상이 안온한 시기가 아니면 섬에 왕래하는 일을 할 수 없다. 귀국에서도 만일 정부가 사자를 섬에 파견한다면, 그것은 해상이 안온한 시기에

之時自
大神君統令城內至于今八十一年我民未嘗來與
貴國公差相遇于彼島之業
貴國公差若與我民相遇于彼島則当告我民來
居事狀於
本邦而
貴國未嘗告其事也而今
甲巷辱中言時遣公差徃來授撿皆不知何
意也伏希

之時ナル一自リト

大神君統合シテ中域内ヲ上至ルマテ二于今二八十一年我カ民未タト曾テ奏セ中与二

貴国ノ公差一相遇フノ二于彼島ニ一之事ヲ上

貴国ノ公差若シ与二我民一相遇フトキハ二于彼ノ島ニ一則当ニヘシレ告ク二我カ民来

居ノ事状ヲ於

本邦ニ一而シテ

貴国未タ三曾テ告ケ二其ノ事ヲ一也而ルニ今マ

回答ノ書中言フト時ニ遣シテ二公差ヲ一徃来捜撿スト上者ノ不レ知ラ二何ノ

意ト云コトヲ一也伏シテ希クハ

之時則不淂徃来于彼島貴国若実有遣公差之事亦当海上安穏之時自大
神君統合域内至于今八十一年我民未曾奏与貴国公差相遇于彼島之事
貴国公差若与我民相遇于彼島則当告我民来居事状於本邦而貴国未曾
告其事也而今回答書中言時遣公差徃来捜撿者不知何意也伏希

時なるべし。大神君、域内を統合して自り今に至るまで八十一年、
我が民、未だ曾て貴国の公差と彼の島に相遇うの事を奏せず。貴国
の公差、若し我が民と彼の島に相遇う時は、則ち当に我が民の来居
の事状を本邦に告ぐべし。而して貴国未だ曾て其の事を告げざる
也。而るに今、回答の書中に、時に公差を遣して徃来捜撿すと言う
は、何の意と云う事を知らざる也。伏して希くは

[船を]往来させるのであろう。大神君(徳川家康公)が[日本国の]域内を統合してから今に至るまで、すでに八十一年が経過した。[この間]我が国の民は、いまだかつて貴国政府の使者と、彼の島で遭遇した事実は無い。そのような事を[かつて公儀に]報告して来た例は無い。貴国政府の使者が、もしも我が国の民と彼の島で遭遇したならば、当然ながら、我が民の来居の事実、その有様を、本邦に告げて来るであろう。しかし貴国は、いまだかつて、そのような事実を告げて来た事は無い。そうであるのに、この度の回答の書中に、時に政府の使者を派遣し、この島に往来し、捜索および探検をしてきたのだと言う。これはどういう事であろうか。[使者派遣という記載は、この間の事実に合致しない。これは]理解できない事である。この疑問に是非お答え下さるよう、ここに伏して

[배를] 왕복시킬 것이다. 대군(徳川家康公)이 [일본국의] 역내를 통합하고 지금에 이르기까지, 이미 81년이 경과했다. [이 사이에] 우리나라 어민은, 아직까지 귀국 정부의 사자와 그 섬에서 조우한 사실이 없다. 그와 같은 일을 [과거에 장군에게] 보고해 온 예가 없다. 귀국 정부의 사자가 만일 우리나라 어민과 그 섬에서 조우했다면 당연히 우리 어민이 가서 살고 있는 일을, 그 사실을 우리나라에 알려왔을 것이다. 그러나 귀국은 지금까지 그러한 사실을 알려온 적이 없다. 그러한데, 이번의 회답서 중에 때때로 정부의 사자를 파견하여, 그 섬에 왕래하여, 수색 및 탐검을 해왔다고 말한다. 이것은 어찌 된 일인가. [사자의 파견이라는 기재는 그동안의 사실에 맞지 않는다. 이것은] 이해할 수 없는 일이다. 이 의문의 시비를 답하여 주실 것을 여기에 엎드려

回答、昏中不意、貴國人自、為犯越、云貴國人
侵凌我、境、云謹按、
兩國通好之後、伻来于竹島之漁、民漂到于
貴國地、
禮曹、參議與、奉、於弊州、以送還漂民之事
緫三度矣、其、甘七十八年前、昏、云姿人馬
少三、弼等、佳房、三尾、闕內、經漁于鬱陵島
五十九年前、眉、云伯耆州八木子村、市兵

開示^{セヨ}

回答^ノ書中不意^ニ貴国^ノ人自^ラ為^{ナスト}_二犯越^ヲ_一云^ヒ貴国^ノ人

侵^シ渉^{ルト}_二我^カ境^ニ_一云^フ謹^テ按^{スルニ}

両国通好^ノ之後^チ徃来^{スルノ}_二于竹島^ニ_一之漁民漂到^シ_二于

貴国^ノ地^ニ_一

礼曹僉議与^{ヘテ}_二書^ヲ於弊州^ニ_一以^テ送^リ返^{スノ}_二漂民^ヲ_一之事

総^{ヘテ}三度矣其^ノ中^テ七十八年前^ノ書^ニ云^ク倭人馬

多三伊^{タ ザ イ ラ}等住居^{シテ}_二三尾関^ニ_一而徃漁^{スト}_二于欝陵島^ニ_一

五十九年前^ノ書^ニ云^ク伯耆州八木子村^{メナゴ}市兵

開示回答書中不意貴国人自為犯越云貴国人侵渉我境云謹按両国通好
之後徃来于竹島之漁民漂到于貴国地礼曹僉議与書於弊州以送返漂民
之事総三度矣其中七十八年前書云倭人馬多三伊等住居三尾関而徃漁
于欝陵島五十九年前書云伯耆州八木子村市兵

開示せよ。回答の書中に、不意に貴国の人自ら犯越を為すと云い、
貴国の人、我が境に侵し渉ると云う。謹みて按ずるに、両国通好の
後、竹島に徃来するの漁民、貴国の地に漂到し、礼曹僉議、書を弊
州に与えて以て漂民を送り返すの事、総べて三度ならん。其の中で
七十八年前の書に云く、倭人の馬多三伊^{またざい}等、三尾関に住居して欝陵
島に徃漁すと。五十九年前の書に云く、伯耆州米子村^{よなご}の市兵

開示を願う。

一、[この度、罷り下った]回答の書中には[こちらに向け、犯越侵渉と言う非難の言葉を発した部分がある。すなわち]貴国(日本)の人が不意にやって来て自ら越境の罪を犯したと、そして貴国(日本)の人が我が境域に侵入し、この島に渉って来たと、そのような文言である。これを謹んで考えて見ることにする。両国通好の[道が慶長十四年すなわち己酉年の約条により再開した。その]後、竹嶋に往来する[我が国の]漁民が、貴国(朝鮮)の地に流され漂着した事があった。礼曹参議が書簡を弊州(対馬)に与え、この漂民を送り返すという事実があった。それは総計三度である。その中で七十八年前の事は、その当時の書に、倭人の馬多三伊(又蔵あるいは又左衛門)たちが漂着したが、彼の者は三尾関(出雲国の美保関)に住居し、欝陵嶋に往来し、漁をしていたと記載がある。また五十九年前の事は、その当時の書に、伯耆州米子村の市兵

개시를 원합니다.

1. [이번에 내려온] 회답서 중에는 [이쪽을 향해, 범월 침섭이라는 비난의 말을 한 부분이 있다. 즉] 귀국(일본) 사람이 갑자기 와서 스스로 월경의 죄를 범했다고, 그리고 귀국 사람이 우리 경역을 침입하여, 이 섬에 건너왔다고, 그러한 문언이다. 이것을 삼가 생각해 보기로 한다. 양국 통호의 [길이 케이쵸우 14년, 즉 기유년의 조약으로 재개했다. 그]후 죽도에 왕래하는 [우리나라의] 어민이 귀국(조선) 땅에 흘러 표착한 일이 있다. 예조참의가 서

간을 폐주(쓰시마)에 주어, 표민을 송환한 일이 있었다. 그것은
총계 3회였다. 그중 78년 전의 일은 그 당시의 서류에 왜인 마타
자이(마타조우, 혹은 마타자에몬) 등이 표착했는데, 그들은 미호
노세키(이즈모노쿠니 미호노세키)에 거주하며, 울릉도에 왕래하
며 어렵했다는 기재가 있다. 또 59년 전의 일은, 그 당시의 서류
에 호우키노쿠니 요나고의 이치베에의

衛家丁為提魚取淵求到个島漁採理建茅之

本祁邊民往漁于彼島之事狀資

貴國所告知巴以上上年我民往漁于彼島為把

越侵涉則七十八年前三十九年前三十年前

三度唇中何不烹把越侵涉之意中三度唇

中照把越侵涉之辭意門令

即答唇中言為把越言侵涉我境者不知何

慈巴伏希

開示

衛ガ家丁為メニ捉ヘテレ魚ヲ取ルカレ油ヲ来到スト二竹島ニ三十年前ノ書ニ云フ

伯耆州米子村ノ居民入リ徃テ二竹島ニ漁採スト由レ是考ルニレ之ヲ

本邦ノ辺民徃漁スルノ二于彼ノ島ニ之事状質

貴国ノ所之ニ曾テ知ルレ也以三上上年我ガ民徃漁スルヲ二于彼ノ島ニ為ストキハ二犯

越侵渉ト則七十八年前五十九年前三十年前

三度ノ書中ニ何ゾ不ルレ言ハ二犯越侵渉ノ之意ヲ二乎三度ノ書
中ニ無クシテ二犯越侵渉ノ之辞意二而シテ今マ

回答書中言ヒレ為スト二犯越ヲ二言フレ侵渉スト二我境ニ二者ハ不レ知ラ何ノ

意ゾヤ也伏シテ希クハ

開示セヨ

衛家丁為捉魚取油来到竹島^(三十年前書ニ云フ伯耆州米子村ノ居民入リ徃テ竹島)漁採由是考
之本邦辺民徃漁于彼島之事状貴国所曾知也以上上年我民徃漁于彼島
為犯越侵渉則七十八年前五十九年前三十年前三度書中何不言犯越侵
渉之意乎三度書中無犯越侵渉之辞意而今回答書中言為犯越言侵渉我
境者不知何意也伏希開示

衛が家丁、魚を捉えて油を取るが為に竹島に来到すと。三十年前の
書に云く、伯耆州米子村の居民、竹島に入り徃きて、漁採すと。是
に由、之を考えるに、本邦の辺民、彼の島に徃漁するの事状、貴国
の曾て知る所なり。上上年、我が民、彼の島に徃漁するを以て犯越
侵渉と為す時は、則ち七十八年前、五十九年前、三十年前の三度の
書中に何ぞ犯越侵渉の意を言わざるや。三度の書中に犯越侵渉の辞
意無くして、而して今、回答書中に犯越を為すと言い、我が境に侵

渉すと言うは、何の意ぞや知らざる也。伏して希くは開示せよ。

衛の家丁が漂着したが、彼らは海魚(海獣)を捉え、そこから油を取る為、竹嶋に来到したと記載がある。そしてまた三十年前の事は、その当時の書に、伯耆州米子村の居民が竹嶋に入り、ここから漂着したが、彼らは島を往来し、漁採を為していたと記載がある。このような事から考えれば、本邦の辺民が彼の島に往来し漁探していた事実を、貴国は元々知っていたのである。一昨年(元禄六年)我が民が彼の島に往来し漁探していた事実を、犯越侵渉(越境の罪を犯し侵入して島に渉る)と非難するならば、則ち七十八年前、五十九年前、三十年前の三度の書中に、どうしてこの犯越侵渉の言葉を発しなかったのか。三度の書中に犯越侵渉という言葉が無くて、どうして今[この度の]回答書中に、犯越を為すと言い、我が境に侵渉すると言うのであろうか。これはどういう意味であろうか。理解できない事である。この疑問に是非お答え下さるよう、ここに伏して開示を願う。

부하가 표착했는데, 그들은 강치(海魚: 海獸)를 잡아, 그것에서 기름을 취하기 위해, 죽도에 도래했다는 기재가 있다. 그리고 또 30년 전의 일은, 그 당시의 서류에 호우키노쿠니 요나고 거민이 죽도에 들어가, 이곳에서 표착했는데, 그들은 왕래하며 어채하고 있었다는 기재가 있다. 이러한 일로 생각하면 본방의 변민이 그 섬에 왕래하며 어채하고 있었던 사실을, 귀국은 원래 알고 있었던 것이다. 재작년(겐로쿠 6년)에 우리 어민이 그 섬에 왕래하며 어채하고 있었던 사실을, 범월 침섭(월경의 죄를 범하며 침입하여 섬으로 건너간다)이라고 비난

한다면, 78년 전, 59년 전, 30년 전의 세 서류 중에는 어찌하여 범월 침섭이라는 말이 없고, 어째서 지금 [이번의] 회답서 중에 범월했다고 말하고, 우리 경계를 침섭한다고 말하는 것인가. 이것은 어떤 의미일 까. 이해할 수 없는 일이다. 이 의문에 꼭 답하여 주시도록 엎드려 개 시를 원한다.

圖卷中一島二為之狀派徙我圖屛籍之

所記

貴州之人亦皆知之謹碌初度

谷唇以竹島蔚陵島為二島貴界竹島弊

境蔚陵島云蔚陵島為我唇中所不載也

故再遠使寫唇以詩陳郑弊境蔚陵島一句

且飲使香口讀香不除郑使一句則剣敵不

陰郑之世折去年春先太守赴

來郑時帶初度

回答書中一島二名ノ之状非ニ徒ニ我カ国書籍ノ之
所ノミニ一レ記スル
貴州ノ之人モ亦皆知ルトレ之ヲ云フ謹テ按スルニ初度ノ
答書以テニ竹島蔚陵島ヲ一為シニ二島トー貴界ノ竹島弊
境ノ蔚陵島ト云フ蔚陵島ノ名我カ書中ニ所ロ之レ不ルレ載セ也
故ニ再タヒ遣シテレ使ヲ呈シテレ書ヲ以テ請フレ除却センコトヲト弊境蔚陵島ノ一句ヲ上
且ツ令シテシムドレ使者ヲ一口請セ上若シ不ルトキハト除却セ中彼ノ一句ヲ上則開示
セヨトニ不ルノレ
除却セ之曲折ヲ一去年ノ春先ノ太守赴クニ
東都ニ時キ帯フニ初度

回答書中一島二名之状非徒我国書籍之所記貴州之人亦皆知之云謹按
初度答書以竹島蔚陵島為二島貴界竹島弊境蔚陵島云蔚陵島名我書中
所不載也故再遣使呈書以請除却弊境蔚陵島一句且令使者口請若不除
却彼一句則開示不除却之曲折去年春先太守赴東都時帯初度

回答の書中に一島二名の状、徒に我が国書籍の記す所のみに非ず、
貴州の人も亦皆これを知ると云う。謹みて按ずるに初度の答書、竹
島と蔚陵島を以て二島と為し、貴界の竹島、弊境の蔚陵島と云う。
蔚陵島の名、我が書中に載せざるの所也。故に再び使を遣して書を
呈して以て弊境蔚陵島の一句を除却せんことを請い、且つ使者を令
して口請をせしむべし。若し彼の一句を除却せざる時は、則ち除却
せざるの曲折を開示せよと、去年の春先の、太守の東都に赴くの
時、初度の

一、[この度、罷り下った]回答の書中に[この島が]一島でありなが
ら二つの名を持つ状態にある事を[明白に指摘する文言が載
る。]それは徒に我が国(朝鮮)の書籍に記してあるだけではな
い。貴州(対馬)の人も、また皆この事を知っていると、そのよ
うに記し置くものである。これを謹んで考えて見ることにす
る。初度の回答書中では、竹嶋と蔚陵嶋とは二島として表現さ
れ、貴界の竹嶋、弊境の蔚陵嶋と[そのような文言が並べて]記
されていた。蔚陵嶋の名は、こちらの使者が[最初に呈した]書
簡の中には載せていない島名である。[こちらは一島に一つの
名として、そもそも竹嶋の島名しか記していなかった。]それ
ゆえ再び使者を派遣し書簡を呈した時[二島のように聞こえ
て、紛らわしいので]弊境の蔚陵嶋の一句を除却し、ここに載
せないよう[書中において]要請した。しかも使者の口上におい
ても、この除去の事を要請するよう[こちらは言葉を伝える訳
官に]命令を下していた。もし蔚陵嶋の一句を除却なさらない
時は、除却なさらないだけの理由がある筈で、これを開示する
よう[こちらは要請していた。]去年(元禄七年)の春先、太守(宗
義倫)が東都に赴く時、この初度の

1. [이번에 주신] 회답서 중에 [이 섬이] 1도이면서 두 개의 이름을
가지는 상태라는 것을 [명백하게 지적하는 문언이 있다.] 그것은
우리나라(조선)의 서적에 기록되어 있을 뿐만이 아니다. 귀주(쓰
시마)의 사람들도 역시 이 일을 알고 있다고, 그렇게 기록해둔
것이다. 이것을 삼가 생각해보기로 한다. 처음의 회답서 중에서

는 죽도와 울릉도는 2도로 표현하고, 귀계의 죽도, 폐방의 울릉도라고 [그러한 문언이 같이] 기록되어 있었다. 울릉도의 이름은 이쪽 사자가 [최초로 드린] 서간 중에는 실려 있지 않은 도명이다. [이쪽은 1도 1명으로 하여, 원래 죽도라는 도명만 기록했을 뿐이다.] 그렇기 때문에 다시 사자를 파견하여 서간을 드렸을 때 [2도처럼 들려서 혼동하기 때문에] 폐경의 울릉도 1구를 제거하여, 이곳에 기재하지 말 것을 서중에서] 요청했다. 그리고 사자도 구두로 제거에 관한 일을 요청하도록 [이쪽은 말을 전하는 역관에게] 명을 내렸다. 만일 울릉도라는 1구를 삭제하지 않을 때는, 삭제하지 않는 이유가 있을 것으로, 이것을 알려 주실 것을 [이쪽이 요청하고 있었다.] 거년(겐로쿠 7년)에 태수(소우 요시쓰구)가 동도(에도)에 갔을 때, 첫

答辯寫本，

貴國答辯一島二名之狀載于答籍之中而入为一島二名之狀弊州之人亦皆知之則松陵答辯何言貴界竹島弊境蔚陵島亦為初不知竹島即蔚陵嶋而為二島二名則今之答辯何言一島二名之狀非從我國答籍之所記貴州之人亦皆知之乎是乃可疑焉也

伏希

開示焉

答書ノ写本ヲ一

貴国曾テ考ヘト一島二名ノ之状載スルコトヲ中于書籍ノ之中ニ上而又

為トキハト一島二名ノ之状弊州ノ之人モ亦皆知ルト上レ之ヲ則初度ノ

答書何ソ言フニ貴界ノ竹島弊境ノ蔚陵島トヤ一乎若シ

初メ不シテレ知ラ竹島即チ蔚陵島ナルコトヲ上而為トキハ二二島二名ト一則今ノ

之答書何ソ言フヤ乙一島二名ノ之状非スト徒ニ我カ国書籍ノ之

所ロノミニ記スル上レ貴州ノ之人モ亦皆知ルト甲レ之ヲ乎是レ乃チ可ヘキレ疑フ者ナリ也

伏希クハ

開示セヨ

答書写本貴国曾考一島二名之状載于書籍之中而又為一島二名之状弊
州之人亦皆知之則初度答書何言貴界竹島弊境蔚陵島乎若初不知竹島
即蔚陵島而為二島二名則今之答書何言一島二名之状非徒我国書籍之
所記貴州之人亦皆知之乎是乃可疑者也伏希開示

答書の写本を帯う。貴国曾て一島二名の状、書籍の中に載する事を
考え、而して又、一島二名の状、弊州の人も亦皆これを知ると為す
時は、則ち初度の答書、何ぞ貴界の竹島、弊境の蔚陵島と言うや。
若し初め竹島即ち蔚陵島なる事を知らずして二島二名と為す時は、
則ち今の答書、何ぞ一島二名の状、徒に我が国書籍の記する所のみ
に非ず、貴州の人も亦、皆これを知ると言うや。是れ乃ち疑う可き
者也。伏して希くは開示せよ。

回答書の写本を帯同し、出発した。[それゆえ東武へは、この貴界の竹嶋、弊境の蔚陵嶋と、二島二名の形で報告が成されたのである。] 貴国(朝鮮)は言う。かつて一島二名の状態が書籍の中に記載され、また一島二名の状態を弊州(対馬)の人もまた皆これを知ると。そのように言うからには、どうして初度の回答書の中で、貴界の竹島、弊境の蔚陵島と[わざわざ並列して、これを]記載したのであるか。もし初めの回答書で、竹嶋は即ち蔚陵嶋であると、そのような事を知らなかったとすれば、すなわち二島があり二名であると[信じて記していたと]すれば、今度の回答書の中で、どうして一島でありながら二名の状態であり、これは徒に我が国の書籍の記す所だけではなく、貴州の人もまた皆これを知ると、そのように言うのであるか。ここがすなわち疑問の箇所である。[この疑問に是非お答え下さるよう]ここに伏して開示を願う。

회답서의 사본을 대동하고 출발했다. [그래서 동도에는 귀계의 죽도, 폐경의 울릉도라고, 2도 2명의 형태로 보고를 하였던 것이다.] 귀국(조선)은 말한다. 1도 2명의 상태가 서적 중에 기재되고, 또 1도 2명의 상태를 폐주(쓰시마) 사람도 모두 알고 있다고 했다. 그렇게 말하는데, 어째서 첫 회답서에서는 귀계의 죽도, 폐경의 울릉도라고 [일부러 병렬하여, 이것을] 기재했던 것인가. 만일 첫 회답서에서, 죽도는 곧 울릉도라고, 그러한 사실을 몰랐다고 한다면, 2도가 있고 2명이라고 [믿고 기록하고 있었다고] 한다면, 이번의 회답서 중에서, 왜 1도이면서 2명의 상태이고, 이것은 오직 우리나라의 서적에 기록된 것만이 아니라 귀주의 사람들도 모두 이것을 알고 있다고, 말하는 것인가. 이

것이 곧 의문의 곳이다. [이 의문에 꼭 답하여 주실 것을] 여기에 엎
드려 가르침을 원한다.

謹稽八十二年前弊州寄書於東萊府以告者
審磯竹島之事府使答書云本島即我國所
謂蔚陵島者也今雖荒蕪豈可容他人之冒
占以啓閒釁耶再荅書亦云所謂磯竹島
者實我國之蔚陵島也今雖廢棄豈可
容許他人之冒居以啓閒釁耶此二書辭
寫以傳之此時

大神君

台德君攻大坂城而不暇

謹テ按スルニ八十二年前弊州寄テ二書ヲ於東莱府ニ一以テ告ク下看
審スルノ礒竹島ヲ上之事ヲ上府使ノ答書ニ云フ本島ハ即我カ国所
謂ル欝陵島者之也今雖トモ二荒廃スト一豈ニ可ン下容ルシテ二他人ノ之冒
占ヲ一以テ啓ク中闔寰ヲ上耶ヤト再答ノ書ニモ亦タ云ク所謂ユル礒竹島ハ
者実ニ我国ノ之欝陵島之也今マ雖ヘトモ二廃棄スト一豈ニ可ン下
容許シテ二他人之冒居ヲ一以テ啓ク中闔寰ヲ上耶ヤト此ノ二書転
写シテ以テ伝フレ之此ノ時
大神君
台徳君攻テ二大坂城ヲ一而不レ暇アラレ

謹按八十二年前弊州寄書於東莱府以告看審礒竹島之事府使答書云本
島即我国所謂欝陵島者也今雖荒廃豈可容他人之冒占以啓闔寰耶再答
書亦云所謂礒竹島者実我国之欝陵島也今雖廃棄豈可容許他人之冒居
以啓闔寰耶此二書転写以伝之此時大神君台徳君攻大坂城而不暇

謹みて按ずるに八十二年前、弊州、書を東莱府に寄せて以て礒竹島を
看審するの事を告ぐ。府使の答書に云う、本島は即ち我が国の所謂る
欝陵島なるのみ也。今荒廃すと雖も、豈に他人の冒占を容らしめ、
以て闔寰を啓く可しやと。再答の書にも亦た云く、所謂る礒竹島は
実に我国の欝陵島これ也。今、廃棄すと雖も豈に他人の冒居を容許し
て以て闔寰を啓く可しやと。此の二書転写して以て之を伝う。此の
時、大神君、台徳君、大坂城を攻めて、而して邊徼の事を聞くに暇あ
らず。

謹んで考えて見るに、八十二年前、弊州(対馬)が書簡を東莱府に寄せ、礒竹嶋を詳しく調べたいと申し入れる事があった。[その時]東莱府使の答書では、この島は我が国で言うところの蔚陵嶋である。今は荒廃しているが、どうして他国の人の冒進そして占拠を容認し、島の鬧寡(賑わったり寂れたりの日常生活)を拓かせるわけがあろうかとあった。再答の書簡にも、また同様の事が記されている。すなわち、いわゆる礒竹島とは、実は我が国の蔚陵嶋の事である。今[島は]廃棄[の状態]にあると言えるが、どうして他国の人の冒居を容許し、鬧寡(賑わったり寂れたりの日常生活)を拓かせるわけがあろうかとあった。この[八十二年前の答書]二書を転写し、これを[今回こちらに]伝えてきた。この時[の事を申し述べれば]大神君(徳川家康)と台徳君(徳川秀忠)とは[当時]大坂城を攻め[礒竹島の如き]邊徼(国境の巡察)の事を聞くような暇は無かった。

1. 삼가 생각하여 보니, 82년 전에 폐주(쓰시마)가 서간을 동래부에 보내 이소타케시마(礒竹嶋)를 자세히 조사하고 싶다고 요청한 일이 있다. [그때] 동래부사의 답서에는, 이 섬은 우리나라에서 말하는 울릉도이다. 지금은 황폐해 있으나 어찌 타국인의 출입과 점거를 용인하여, 섬의 요과(鬧寡: 시끄러웠다가 조용해지는 일상생활)의 단서를 열게 하는 일이 있겠는가 라고 말하고 있었다. 재답의 서간에도 역시 같은 일이 기록되어 있다. 즉 소위 이소타케시마란, 실은 우리나라의 울릉도를 말한다. 지금 [섬은] 폐기[의 상태]에 있다고 하나, 어찌 타국인의 모거(冒居)를 허용하여 분쟁의 단서를 만들겠는가 라고 말하고 있었다. 이 [82년

전의 답서] 2서를 전사하여 [이번에 이쪽에] 전해 왔다. 이때[의 일을 말하자면] 대신궁(토쿠가와 이에야스)과 타이토쿠노키미(德川秀忠)는, 당시 오오사카성을 공격하고 있어서 [이소타케시마와 같은] 변요(邊徼: 국경의 순찰)의 일을 들을 여유가 없었다.

間邊徼之事弊州不轉

啓彼二書者即是待大坂平夷之政也吾先者

八十一年前正月三日没于州府亂守肆像

十二而襲封爵業

兩國通交事即是以後柳川調興瑩當

兩國通交之路上斷

就政內閣幻主伪言妄行無弗不至積惡終

呈露罪頪悉刑戮八十一年前大坂平夷

之日不轉

聞クニ二邉徼ノ之事ヲ弊州不ルト転

啓セ中彼ノ二書ヲ上者ハ即チ是レ待ツ二大坂平夷之日ヲ一也吾カ先君

以テ二八十一年前正月三日ヲ一溟シ二于州府ニ一胤子年僅カニ

十二ニシテ而襲テ二封ノ爵ヲ一掌トル二

両国通交ノ事ヲ一自リレ是レ以後柳川調興カ党当リ二

両国通交ノ之路ニ一上欺ムキ二

執政ヲ一内罔シ二幼主ヲ一偽言妄行無クレ所レ不ルレ至ヲ積悪終ニ

呈露シテ党類悉ク刑戮セラル八十一年前大坂平夷ノ

之日不ルレ転ト

聞邉徼之事弊州不転啓彼二書者即是待大坂平夷之日也吾先君以八十
一年前正月三日溟于州府胤子年僅十二而襲封爵掌両国通交事自是以
後柳川調興党当両国通交之路上欺執政内罔幼主偽言妄行無所不至積
悪終呈露党類悉刑戮八十一年前大坂平夷之日不転

弊州彼の二書を転啓せざるは即ち是れ大坂平夷の日を待つ也。吾が
先君、八十一年前の正月三日を以て于州府に溟し、胤子年僅かに十
二にして封爵を襲いて両国通交の事を掌る。是れ自り以後、柳川調
興が党、両国通交の路に当り、上は執政を欺き、内には幼主を罔
し、偽言妄行至らざる所無く、積悪終に呈露して党類悉く刑戮せら
る。八十一年前、大坂平夷の日、彼の二書を転啓せざる者は

弊州(対馬)が彼の二書を[東武へ]転啓しなかったのは、つまりこの大
坂平定の日を待つためであった。だが我らの先君(初代対馬府中藩主

の宗義智)は八十一年前の正月三日、この[対馬の]州府において死去してしまった。その胤子(第二代藩主の宗義成)は[この時]年僅か十二歳であった。家督を継ぎ、両国通交の事を掌ったが、これ以後は、柳川調興の一党が両国通交の要路に携わることとなった。[柳川の一党は]上は執政を欺き、内には幼主を罔し[眩ませ]その偽言妄行の至らぬ所は無かった。だがその積悪は終に露呈し、党類は悉く刑戮されるに至った。八十一年前、大坂平定の日、彼の二書を[東武へ]転啓しなかったのは、

폐주(쓰시마)가 이 두 서간을 [동무에] 전계하지 않았던 것은, 곧 이 오오사카 평정일을 기다리기 위해서였다. 그러나 우리의 선군(소우 요시미치)은 81년 전의 정월 3일에 이 [쓰시마의] 주부에서 사거하고 말았다. 그 윤자(제2대 번주 소우 요시나리)는 [이때] 겨우 12세였다. 가독을 이어, 양국 통교의 일을 맡았으나, 이후에는 야나가와 시게오키(柳川調興) 일당이 양국통교의 요로에 관계하게 되었다. [야나가와 일당은] 위로는 집정을 속이고 안으로는 유주를 속여, 그 거짓과 만행이 미치지 않는 곳이 없었다. 그러나 그 적악은 결국 노정되어, 일당은 모두 형륙(刑戮)되었다. 81년 전에, 오오사카 평정일에, 그 2통의 서간을 [동무에] 전계하지 않았던 것은,

啓彼二書者、典調與黨務、詐誑以失誠實也七十

八年前

本邦辺民、徃漁于彼島以漂到于

貴国地之時、

禮曹参議興弊州、曽之倭人爾多三伊等

粢名秘莈於辺吏問其情由、則乃佳居

三尾關而徃漁于欝陵島遇風漂到者、

也茲付頒歸倭船送回貴島為八十二

年前言可容許他人之冒居以啓鬧釁、

啓彼二書者由調興党務詐誕以失誠実
也七十八年前
本邦辺民徃漁于彼島以漂到于
貴国地之時
礼曹僉議与弊州書云倭人馬多三伊等
柒名被獲於辺吏問其情由則乃住居
三尾関而徃漁于欝陵島遇風漂到者之
也茲付順帰倭船送回貴島盖八十二
年前言可容許他人之冒居以啓鬧宴

啓彼二書者由調興党務詐誕以失誠実也七十八年前本邦辺民徃漁于彼
島以漂到于貴国地之時礼曹僉議与弊州書云倭人馬多三伊等柒名被獲
於辺吏問其情由則乃住居三尾関而徃漁于欝陵島遇風漂到者也茲付順
帰倭船送回貴島盖八十二年前言可容許他人之冒居以啓鬧宴

調興が党、詐誕（さたん）を務めしめて、以て誠実を失うに由る、これ也。七十
八年前、本邦の辺民、徃きて彼の島に漁して以て貴国の地に漂到する
の時、礼曹僉議、弊州に与うる書に云く、倭人馬多三伊等柒名（しつめい）、辺吏
に獲り被るに於いて、其の情由を問えば、則ち、乃ち三尾関に住居し
て欝陵島に徃漁し、風に遇いて漂到するの者これ也。茲（ここ）に帰倭の船に
順付して、貴島に送り回すと。盖（けだ）し八十二年前、他人の冒居を容許し
て、以て鬧宴を啓くべしやと。

この調興一党[の仕業]である。彼らは詐誕を為し[結局]誠と実とを失うに至った。このような経過である。[それから僅か三年の]七十八年前、本邦の辺民が島に住き、漁労を行っている時、貴国の地に漂到することがあった。その折、礼曹参議から弊州へ送られて来た書簡には[次のように記されている。

　すなわち]倭人馬多三伊ら七名が辺吏に獲えられた。その[漂到の]事情を問うたところ、彼らは三尾関に住居する者たちで、欝陵嶋に住き漁をしていたところ、強風に遇い漂到したということであった。それゆえ、ここで帰り行く倭船に順付し[彼らを]貴島(対馬)に送り返すことにしたと、このような記載である。すると八十二年前[にも、もう]他国の人の冒居を容許し、それによって島の闔寮(日常生活)を、すでに拓かせていたのではないか。

이 시게오키 일당[의 짓]이다. 그들은 사탄을 행하여 [결국] 성과 실을 잃게 되었다. 이러한 경과가 있다. [그로부터 불과 3년이 지난] 78년 전에 본방의 변민이 섬에 가서 어로하다 귀국에 표류하는 일이 되었다. 그때 예조참의가 폐주에 보낸 서간에는 [다음과 같이 기록되어 있다.]

　즉 왜인 마타자이((馬多三伊) 등 7인이 변리에 붙잡혔다. [표도한] 사정을 물었더니, 그들은 미오노세키(三尾関)에 사는 자들로 울릉도에 가서 어렵하고 있다가, 강풍을 만나 표도했다는 것이었다. 그래서 이곳에서 돌아가는 왜선에 순부(順付)시켜 [그들을] 귀도(쓰시마)에 돌려보내기로 했다고, 이러한 기재였다. 그렇다면 82년 전[에도 이미] 타국인의 모거(冒居)를 허용하여, 그것으로 섬의 요과(闔寮: 日常生活)를 이미 열어놓은 것 아닌가.

耶則與七十八年前閒他人往漁而容許
之之理矣当時若以
两圍相較之故不禁此我岷往漁則與書中
不述其情與之理矣以彼島為
貴國屬島則他人之在彼島多年住居亦
胃也一時往漁亦胃也然則無只禁多年
住居而不禁一時往漁之理矣是滅可疑
者也故上上年幣州受
東都命豬不輝

耶ヤト甲則無シ下七十八年前聞テ二他人徃テ漁トリスルヲ一而容許スル二
之ヲ一之理上矣当時若シ以テ二
両国相歓フノ之故ヲ一不シテ二禁止セ一我氓徃テ漁スルトキハ則無シ下書中
不ルノレ述ヘ二其ノ情由ヲ一之理上矣以テ二彼島ヲ一為スルトキハ二
貴国ノ属島ト一則他人ノ之在ル二彼ノ島ニ一多年住居スルモ亦
冒之也一時徃漁スルモ亦冒之也然ラハ則チ無シ下只々禁シテ二多年ノ
住居ヲ一而不ルノレ禁セ二一時ノ徃漁ヲ一之理上矣是レ誠ニ可キレ疑フ
者之也故ニ上上年弊州受ル二
東都ノ命ヲ一時キ不レ転二

耶則無七十八年前聞他人徃漁而容許之之理矣当時若以両国相歓之故
不禁止我氓徃漁則無書中不述其情由之理矣以彼島為貴国属島則他人
之在彼島多年住居亦冒也一時徃漁亦冒也然則無只禁多年住居而不禁
一時徃漁之理矣是誠可疑者也故上上年弊州受東都命時不転

則ち七十八年前、他人徃て漁りするを聞きて、之を容許するの理無
し。当時、若し両国相歓ぶの故を以て禁止せずして、我が氓、徃き
て漁する時は、則ち書中、其の情由を述べざるの理無し。彼の島を
以て貴国属島と為す時は、則ち他人の彼の島に在り、多年住居する
も、亦、冒これ也。一時徃漁するも、亦、冒これ也。然らば則ち、
只々多年の住居を禁じ、而して一時の徃漁を禁ぜざるの理無し。是
れ誠に疑ふ可きはこれ也。故に上上年、弊州、東都の命を受けるの
時、東莱府二書の写本を転啓せざる也。

すなわち七十八年前に、他国の人が島に往き漁をするのを[貴国の人は]聞いている。だがこれを容許している。[ここにはそれを禁止するような文言は無く、またその禁止の]条理[を示すようなもの]は無い。

当時もしも[島の鬧寡(どうか)を拓かせる事、すなわち島での生活や労働を要許する事が]両国共に歓ぶ事[すなわち平和を維持できる事]であったとすれば[その事を以て]これを禁止しなかったのではないか[註2]。[もしそうでなければ]我が国の民が島に往き、漁をする時があれば、則ち書中に、その[禁止を告げ、その禁止]の理由を述べない筈は無い。彼の島が[もしも]貴国の属島であるならば、他国の人が彼の島に在り、多年にわたり住居するのは、まさに冒占と言う事になるであろう。また一時期、島に往き、ここで漁をするというのも、また冒占と言う事になるであろう。そうであるならば、只々多年の住居を禁じ、そして一時期ここに往き漁をすることをも禁じるという事を[貴国が]しないというのは、理屈の通らない事である。このような事からすれば[この島が貴国の属島であったというのは]誠に疑わしいところである。[島は実際には、貴国に属していなかったのではないか。]ゆえに上上年(元禄六年)弊州が東都の命を受けた時、東莱府から送られた[かつての]二書の写本を[公儀に]転啓しなかった。

즉 78년 전에 타국인이 섬에 가서 어렵하는 것을 [귀국인은] 듣고 있었다. 그러나 이것을 허용했다. [이곳에는 금지한다고 하는 문언이 없고, 또 그 금지의] 조리[를 나타내는 것 같은 것이] 없다. 당시 혹시 [섬의 일상생활을 열게 하는 일, 즉 섬에서의 생활이나 노동을 허가하는 일이] 양국 모두가 기뻐하는 일 [즉 평화를 유지할 수 있는 일]

이었다고 하면 [그 일로] 이것을 금지하지 않았던 것이 아닌가. [그렇지 않다면] 우리나라 어민이 섬에 가서 어렵하는 일이 있으면, 곧 서중에 그 [금지를 알리고, 그 금지]의 이유를 말하지 않을 리 없다. 그섬이 [만일] 귀국의 속도라면, 타국인이 그 섬에서 다년에 걸쳐 거주하는 일은, 그야말로 모점(冒占)이라고 말할 수 있는 일이 될 것이다. 또 한 시기, 섬에 가서, 이곳에서 어렵을 한다고 하는 것도, 역시 모점이라고 해야 할 일이다. 그렇다면, 단지 다년의 거주를 금하고, 그리고 한 시기 이곳에 가서 어렵하는 것도 금한다는 것을 [귀국이] 하지 않았다는 것은, 이치에 통하지 않는 일이다. 이러한 일을 보면 [이 섬이 귀국의 속도였다고 말하는 것은] 참으로 의심스러운 일이다. [섬은 실제로 귀국에 속하지 않았던 것 아닌가.] 그래서 재작년(겐로쿠 6년)에 폐주가 동도의 명을 받았을 때, 동래부가 보낸 [과거] 2서의 사본을 [장군에게] 전계하지 않았다.

啓ス東萊府ノ二書寫本ナリ今

回答書中ニ言フ一島二名之状貴州之人亦皆知

之ノ者以八十二年前東萊府ノ答書有磯竹

者実我国之欝陵島也之句乎

貴国若然不改

應而令之

答書轉一

啓于

東郡則八十二年前二書寫本亦貴料

啓東莱府二書写本也今回答書中言一島二名之状貴州之人亦皆知之者以八十二年前東莱府答書有礒竹島者実我国之欝陵島也之句乎貴国若終不改慮而今之答書転啓于東都則八十二年前二書写本亦当転

今、回答の書中、一島二名の状、貴州の人も亦皆これを知ると言うは、八十二年前の東莱府の答書、礒竹島は実に我国の欝陵島これと云う也の句有るを以てなるか。貴国、若し終に慮を改めずして今の答書、東都に転啓する時は、則ち八十二年前の二書の写本、亦、当に之を転啓すべき。

今、回答の書中に、一島二名の事情は貴州の人も亦皆これを知ると
あるが、これは八十二年前の東莱府の答書に依るもので、礒竹嶋は
実に我が国の欝陵嶋であると、そのような文言が有る事を指すので
あろう。[だが、それは八十二年前、大坂平定の頃の出来事で、錯綜
の時期であり、その文言自体を、こちらの公儀が正式に承認したわ
けのものではない。それゆえ意味をなすものではない。]貴国がも
し、どうしてもそのような考えを改めなければ、今の答書を東都に
転啓する事になる。その時は、この八十二年前の二書の写本と共
に、また[七十八年前の書簡をも併せ、東都に、その相違の旨を]転啓
することになる。

지금 회답서 중에, 1도 2명의 사정은 귀주인들도 모두 알고 있다고
하나, 이것은 82년 전의 동래부의 답서에 의한 것으로, 이소타케시마
는 우리나라의 울릉도라고, 그러한 문언이 있다는 것을 가리키는 것
일 것이다. [그러나 그것은 82년 전, 오오사카 평정 시에 생긴 일로,
착종의 시기로, 그 문언 자체를 우리 장군이 정식으로 승인한 것도
아니다. 그래서 의미를 가지는 것이 아니다.] 귀국이 만일, 어떻게든
그러한 생각을 바꾸지 않으면, 지금의 답서를 동도에 전계하는 일이
된다. 그때는 82년 진의 2서의 사본과 같이, 또 [78년 전의 서간도 같
이 동도에, 그 상위하는 내용을] 전계하는 일이 된다.

啓之然則八十二年前薯七十八年前薯辭意不
相合者今不可不諳尙之伏希
開示焉
乙亥五月　日　　　荒俠橋眞重拜書

啓ス上之ヲ然ラバ則チ八十二年前ノ書七十八年前ノ書辞意不ル二

相合ハ二者ノ今マ不レ可レ不ベアルレ請二問セ之ヲ二伏希クハ

開示セヨ

乙亥五 月 日　　　　　　差使 橘真重 拝書

啓之然則八十二年前書七十八年前書辞意不相合者今不可不請問之伏

希開示

乙亥五 月 日　　　　　　差使 橘真重 拝書

然らば則ち八十二年前の書、七十八年前の書、辞意相合わざるは、今

これを請問せざらずんばあるべからず。伏して希くは開示せよ。

乙亥五 月 日　　　　　　差使 橘真重 拝書

するとその時、この八十二年前の書簡や七十八年前の書簡が[公儀で照

合され]その文言も意味も合致しない[事が明らかとなる。それゆえ前

もって]今この事を[そちらに]問わざるを得ないのである。[この合致し

ない疑問に、是非お答え下さるよう]ここに伏して開示を願う。

乙亥(元禄八年)五 月 日　　差使 橘真重 拝書

그러면 그때, 이 82년 전의 서간이나 78년 전의 서간이 [막부에서 비교되

어] 그 문언도 의미도 합치하지 않는 [일이 분명해진다. 그렇기 때문에

미리] 지금 이 일을 [그쪽에] 묻지 않을 수 없는 것이다. [이 합치하지 않

는 의문에 반드시 답하여 주실 것을] 여기에 엎드려 개시를 원한다.

을해(겐로쿠 8년) 5월 일　　　　　차사 타치바나 마사시게 배서

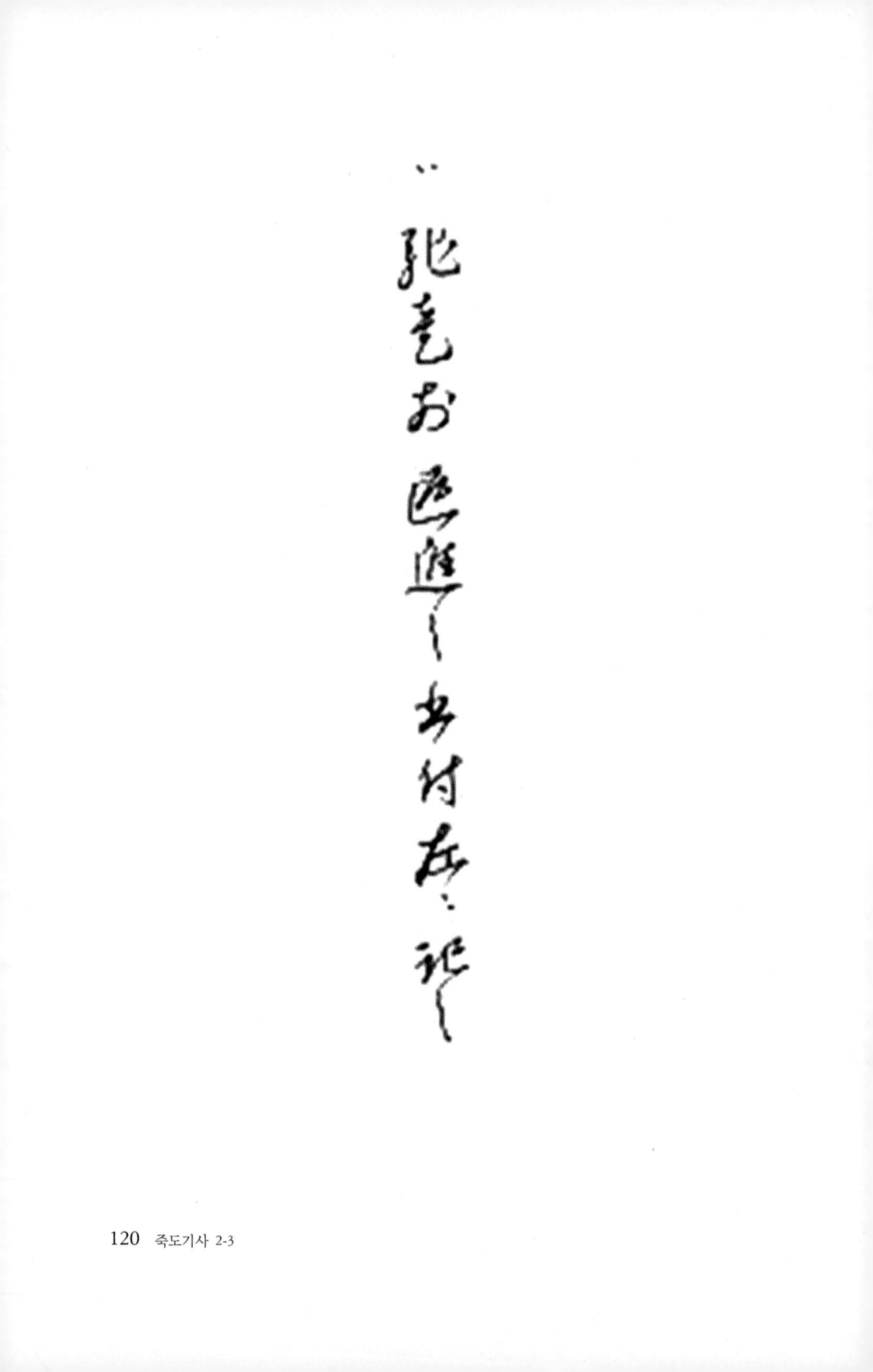

(34-03)

〃馳走前返進之書付左ニ記之

(34-03)

〃以前の馳走分を返進するに付いての書付で、これを左に記す。

(34-03)

〃이전에 받은 치주를 돌려주는 것에 대한 서부, 이것을 아래에 기
　록한다.

今番吾刑部君使裁判平成掌命、其以歸州之事
也、某固竹島一件、而兩度超海、其始旬以為難矣
更蒙裹瀆星霜、使事能成
但輪能改、而後方可歸乎徽邑焉、以故不獲
朝廷之恩意、兩度接應、可供不辞讓、而辞受焉令

今番吾カ刑部君使シテ二裁判平ノ成常ヲ一命スルニレ某ニ以ス二帰州ノ之事ヲ一
也某シ因テ二竹島ノ一件ニ一而両度超フレ海ヲ其ノ始メ自ヲ以為ク雖トモト屢々
更タメ葛裘ヲ一洊リニ渉ルト中星霜ヲ上使事能ク成リ
回翰能改タメテ而後方ニ可シレト帰ル二乎敝邑ニ一焉以レ故ヲ不レ曠フセニ
朝廷ノ之恩意ヲ一両度接応シテ二日供不シテ二辞譲セ一而拝受ス焉今ハ

返進の書付

〔真文〕

今番吾刑部君使裁判平成常命某以帰州之事也、某因竹島一件而両
度超海其始自以為雖屢更葛裘洊渉星霜使事能成回翰能改而後方可帰
乎敝邑焉以故不曠、朝廷之恩意両度接応日供不辞譲而拝受焉、今

〔読み下し文〕

　今番、吾が刑部君、裁判の平ノ成常を使として某（それがし）に命ずるに、帰州
の事を以てする也。某、竹島の一件に因りて、両度海を超う。其の
始め、自ら為せるを以て屢々（しばしば）葛裘（かっきゅう）を更（あらた）め、洊（しき）りに星霜を渉ると雖ど
も、使事能く成り、回翰能く改め、而して後方の敝邑に帰る可し
と。故を以て朝廷の恩意を曠（むなし）うせず、両度の接応の日供、辞譲せず
して拝受す。

〔現代語訳〕

　この度、我が[主君である]刑部君（宗義真）が裁判の平成常（高瀬八右
衛門）を使者として[草梁和館に]派遣し、某（それがし）に命じた事は、帰州する
ようにとの事である。某は、この竹島の一件に因って、両度の渡海

を果たした。その始めの渡海では、自ら[交渉の陣頭に立って]行動
し、屢々、葛裘(粗衣)を更め[典礼儀式に参列し]渉りに星霜[の日々
を重ね]渉ったのであるが、使者としての役事は能く成立し、回翰は
能く改まり、それゆえ後方の敞邑(広い対馬の村邑)に帰る事となっ
た。[だがそれなりの]理由があり[再び渡海を果たした。]朝廷の恩意
を曠うすることなく、この両度の接応における日供(日々の供応)を
[某は]辞讓せず[ありがたく]拝受致した。

　이번에 내가 [주군인] 교우부군(소우 요시자네)이 재판 타이라 나
리쓰네(타카세 하치에몬)를 사자로 해서 [초량화관에] 파견하여, 본인
에게 명한 것은, 귀주하도록 하라는 것이다. 본인은 이 죽도일건으로,
두 번이나 도해했다. 그 첫 번째 도해에서는 스스로 [교섭의 진두에
서서] 행동하며, 자주 한서(寒暑)의 의복을 차리고 [전례의식에 참열
하여] 여러 성상[의 나날을 거듭]했던 것이나, 사자로서의 맡은 일은
잘 성립하고, 회한은 잘 고쳐, 그래서 후방의 폐읍(넓은 쓰시마의 촌
읍)으로 돌아갈 수 있었다. 그러나 [나름대로의] 이유가 있어 [다시
도해하게 되었다.] 조정의 은혜로운 뜻을 펴는 일 없이, 이 두 번의 응
접(매일 같은 응접)을 [나는] 거절하지 못하고 [감사하게] 받았다.

則不然吾事不成吾行已決無如是而獨受
恩典去者豈使居之義也乎所兩間五日次必雜
物燕席三賜之禮單及渡海粮總而作算計壹
千八百六十石令姑逐呈代官等漸次須入送於
萊府伏請收納焉

　　　　　　　差使摘真重

則不レ然ヲ吾事不レ成吾行已ニ決ス矣如シテレ是ノ而猶ヲト受ニ

恩典ヲ去ルヤ上者ノヽ豈ニ使臣ノ之義ナランヤ也乎乃チ両回五日次シ之雑

物燕席三賜シ之礼単及ヒ渡海粮總ヘテ而作スニ二筭計ヲ一壱

千八百六十石今茲ニ返呈ス代官等漸次ニ須クレ入レ送於ルニ

莱府ニ一伏シテ請フ収納セヨ焉　　　　　　差使橘真重

則不然吾事不成吾行已決矣如是而猶受恩典去者豈使臣之義也乎乃両
回五日次之雑物燕席三賜之礼単及渡海粮總而作筭計壱千八百六十石
今茲返呈代官等漸次須入送於莱府伏請収納焉　　　　　　差使橘真重

今は則ち然らず。吾が事成らず、吾が行くは已に決す。是の如くし
て、なお恩典を受けずして去るが者は、豈に使臣の義ならん也。乃
ち両回五日次の雑物、燕席三賜の礼単、及び渡海粮、總べて筭計を
作すに壱千八百六十石、今茲に返呈す。代官等にて漸次須く莱府に
入れ送る。伏して請ふ、収納せよ。　　　　　　　差使たる橘真重

だが今[の事情は]そうではない。吾が事は成らず、吾が行く先は、も
う已に決してしまった。[つまり使者としての役事を結局果たすこと
はできなかった。]このようであれば、もう恩典を受けずに去るの
が、使臣としての義理であろうと思う。ここに両回で五日続きとし
て賜った雑物、燕席(宴席)三賜の礼単、及び渡海の旅粮、總べてを、
筭木(そろばん)にて計を作せば、壱千八百六十石となる。今茲に[全
てを]返呈する。代官等から漸次、当然の事として、これを東莱府内
に入れ送る。伏してこの収納をお願いする。　　　　　　差使たる橘

真重が、ここに申し上げる。

그러나 이번[의 사정은] 그렇지 않다. 나의 일은 되지 않고, 내가 가는 길은, 이미 결정되고 말았다. [즉 사자로서의 역할을 결국 수행하지 못했다.] 이렇다면, 은전을 받지 않고 가는 것이, 사신으로서의 의리라고 생각한다. 여기서 두 회에, 오일속으로 해서 받았던 잡물, 연석 삼사의 예단, 및 도해의 여량, 모든 것을 주판으로 계산하면, 1,860석이 된다. 지금 여기에 [모든 것을] 반정한다. 대관 등이 점차, 당연한 일로 해서, 이것을 동래부 내에 보낸다. 엎드려 이것의 수납을 원한다.

차사인 타치바나 마사시게가 여기서 아룁니다.

一西月十二日訓導輯會初入敍裁判方一理事
八方務二并都松主柳驚二二東華分一
歴考了二一西考一田內家客鞋一成
四二除二一越二各有二一路捐鬼馬今臺
得延信二二師引二一里一地面屬臺
一不二

(34-04)

〃五月十六日訓導韓僉知入館裁判方へ罷出八右衛門并都船主柳左
衛門^江東莱より之返答申聞候ハ返簡之内御合点難被成四ヶ条之趣
御書付被下致拝見則今昼注進仕候被仰聞候由口上之通承届候由
申来候

(34-04)

〃五月十六日、訓導の韓僉知が入館し、裁判方へやって来た。そ
して八右衛門ならびに都船主の柳左衛門へ、東莱府使からの返
答を伝えてきた。すなわち、返簡の内に合点し難い箇所がある
として、それを四箇条の書付にして、お渡し下さった。それを
拝見致した。その御趣旨を[早速]今日の昼に[都へ]注進致した。
お聞かせ頂いた御口上の通りを[そのまま]承り[都へ]届けること
にした。そのように[訓導の韓僉知が]申し伝えて来た。

(34-04)

〃5월 16일에 훈도 한첨지가 입관하여 재판 쪽에 왔다. 그리고 하
치에몬 및 도선주 야나기자에몬에게 동래부사의 반답을 전했다.
즉 반한 내에 합의하기 어려운 곳이 있다며, 그것을 4개조의 서
부로 해서 건네주셨다. 그것을 배견하였다, 그 취지를 [서둘러]
오늘 낮에 [도성에] 주진했다. 말하신 구상을 [그대로] 듣고 [도
성에] 보고하기로 했다. 그렇게 [훈도 한첨지가] 전해 왔다.

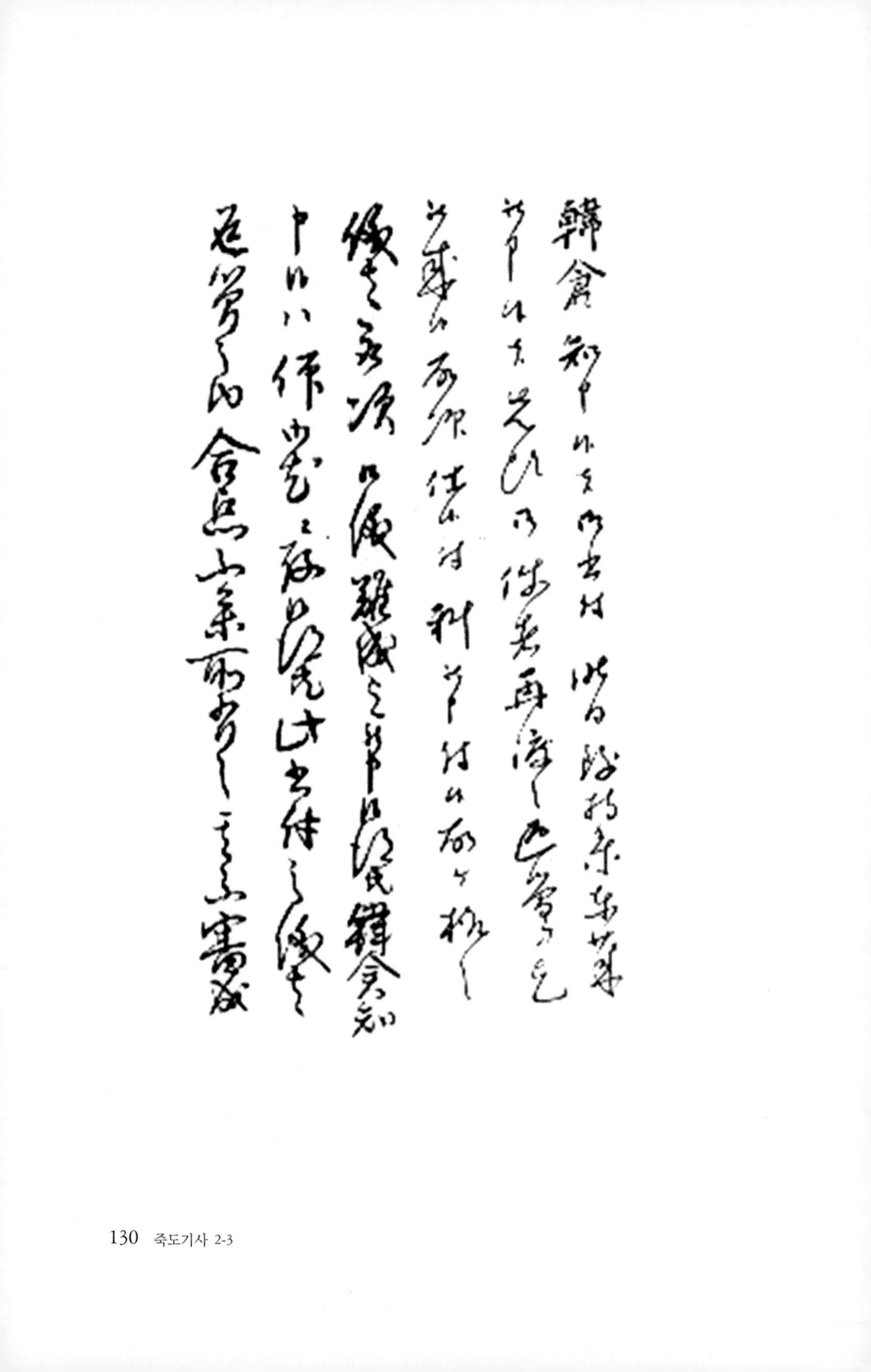

〃韓僉知申候者御書付昨日致持参東莱被申候者先頃御使者再渡之
　返簡御乞被成候取次仕候付科被申付候故ヶ様之儀者取次候儀難
　成与被申候得共韓僉知申候ハ仰御尤ニ存候得共此書付之儀者返簡
　之内合点不参所有之其不審成

〃韓僉知が申した事は、御書付を昨日[東莱府使のところに]持参し
　たという。その折、東莱府使が申された事は、先頃、御使者が
　再度の渡海[によって持参した書簡に対し、朝廷から]返翰が差し
　下されるべきと[そのように]乞う願い事があり、お取次ぎを致し
　た。だが[朝廷からは]それに付いて[要らざる事と]科を申し付け
　られてしまった。それゆえ今後、このような事は、もう取次ぐ
　事は難しいと、そのように申しておられた。そこで韓僉知が[さ
　らに東莱府使に]申し掛けた事は、おっしゃることは御尤に存じ
　ますが、この書付の事については、返翰の内に合点の行かぬ所
　が有り[御使者は]その不審な

〃한첨지가 말한 것은, 서부를 어제 [동래부사에게] 지참했다 한다.
　그때 동래부사가 말씀하신 것은, 지난번에 사자가 다시 도해[하
　면서 지참한 서간에 대해, 조정의] 반한을 내려주어야 한다고
　[그렇게] 원하는 일이 있어, 주선한 일이 있었다. 그러나 [조정은]
　그것에 대해 [필요없는 일이라고] 처리를 명 받고 말았다. 그렇
　기 때문에 금후로 이와 같은 일을 다시 주선하기 어렵다고, 그렇
　게 말하고 계셨다. 그래서 한첨지가 [다시 동래부사에게] 이야기
　한 것은, 말씀하시는 것은 당연하다고 생각합니다만, 이 서부에

대해서는, 반한 내에 납득이 가지 않는 곳이 있어 [사자는] 그 이
상한

所聞届致帰国度与之事ニ候得者各別成儀候其上往来日数三十日相待返
事可聞届与之事ニ候ヘハ間延に被成三十日之日数相済候者定而急度帰
国可有之候御注進不被成候而不叶事之由達而申入候処東莱能被致合
点今日注進被仕候

所を聞き届けた上で、帰国をなさりたいと言うだけの事です。その
ような事は[取り立てて言うほどの]各別の事ではありません。その
上、往来の日数を[勘案し]三十日ほど待って、その[到来する]返事を
聞き届けたいということでございました。もしそうであれば、間延
びに成って三十日の日数が済んでしまえば、おそらく[使者は、その
後]必ず御帰国なさるでしょう。[それゆえ、この程度のことは都に]
御往進に成らなくては叶わぬ事であります。そのように達って申し
入れをした処、東莱府使はよく合点なされ、今日[都へ]注進なされた
のです。このように[韓僉知から]申し伝えがあった。

곳을 들은 후에 귀국하고 싶다고 말할 뿐입니다. 그 같은 일은 [특별
히 말할 정도로] 각별한 일이 아닙니다. 그리고 왕래의 일수를 [감안
하여] 30일 정도 기다렸다가, 그 [도래하는] 답을 듣고 싶다고 말하고
있었습니다. 만일 그렇다면, 시간이 걸려 30일의 일수가 지나게 되면,
아마도 [사자는 그 후에] 반드시 귀국하겠지요. [그러므로 이 정도의
일은 도성에] 주진하지 않으면 안 되는 일입니다. 그렇게 무리해서
말씀드렸더니, 동래부사가 납득하시고, 오늘 [도성에] 주진하신 것입
니다. 이렇게 [한첨지가] 전해 왔다.

〃五日次雑物御返進被成候御書付東莱江被遣候路次二而存当り候者
返簡之不審書被遣候節五日次馳走向御返進之御書付同前二差出候
ハハ両様之儀都江被致注進候儀如何可有之候哉何角致遠慮注進
延々二罷成候而者如何与存御馳走御返進之書付者拙子方江抱置東
莱江も為見不申唯今此方江

〃[韓僉知が語るには、この度]五日次(五日ごとに支給される滞在
手当)の雑物を御返却に成られました。[今回、返翰の不審を伝え
る疑問四箇条の]御書付を、東莱府使へ[持参するよう、私が]遣
わされました。その[東莱府への]道筋で[私が]思い当たりました
事は[以下のような事でございます。すなわち]返翰不審の書を遣
わされる折、五日次の御馳走を返却する御書付と、同時に差し
出したならば、この両様の[書付]は[同時に]都へ注進される事に
なるでしょう。そうなると[いったい]どのようになるでありま
しょうか。[御馳走の返却という交渉の不首尾を示す書簡があれ
ば、もはや疑問四箇条の回答など、当然ながら不首尾となる事
でしょう。]すると[東莱府使は]何かと遠慮を致し[この際、都へ
の]注進が延々と遅く成るかもしれません。そうなっては如何か
と思い、御馳走返却の書付は[取り敢えず]私の方に抱え置き、東
莱府使へは見せないことに致しました。唯今こちらに

〃[한첨지가 말하기를, 이번] 오이리(5일마다 지급되는 체재수당)
의 잡물을 반각하셨습니다. [이번 반한의 이상함을 전하는 의문
4개조의] 서부를 동래부사에게 [지참하도록, 나를] 보냈습니다.

그 [동래부로 가는] 길에서 [내가] 생각한 것은 [이하와 같은 일입니다. 즉] 반한에 대한 의문서를 보낼 때, 오이리의 어치주를 반각하는 서부를 동시에 보냈다면, 이 두 분의 [서부]를 [동시에] 도성에 주진하게 되는 일이 되겠지요. 그렇게 되면 [도대체] 어떻게 되는 것일까요. [어치주의 반각이라고 하는, 교섭이 잘 진행되지 않았다는 것을 나타내는 서간이 있으면, 이미 의문 4개조의 회답 등, 당연히 좋지 않은 상황이 되겠지요.] 그렇다면 [동래부사는] 아무래도 염려하여 [이번에, 도성에] 주진하는 일이 그냥 늦어지게 될지도 모릅니다. 그렇게 되면 좋지 않다고 생각하여, 어치주를 반각한다는 서부는 [일단] 저에게 맡겨두고, 동래부사에게는 보이지 않는 것으로 하였습니다. 지금 이쪽에

致約束候願者御請被成候御馳走之儀二候間御請被成候ヘハ無別条事与
存御理申候間此段正官使[江]被仰達被下候様二与申候趣八右衛門柳左衛
門同道二而入来与左衛門[江]申聞候付返答申遣候者昨日進し申候書付今
日都[江]御注進被成候由御尤二存候乍其上御返簡早々参候様二折々被仰登
候得与申遣ス訓導[江]者御馳走之品返進之

お約束したことは[疑問四箇条の御書簡を都へ注進するという]願いで
ございます。これを[まず東莱府使へ伝えました。そして東莱府使は
これを]御請けに成られました。さて御馳走の事でありますが[これは
御使者が、そのまま]御受け取りに成られたならば[良いと存じます。
御受け取りに成られて、全く]別条無い事と存じます。[このように
[韓僉知は語り、様々な]道理を述べ、この事を正官殿へお伝え下さる
ようにと申し入れて来た。そこで八右衛門と柳左衛門が[この韓僉知
を]同道し[正官方に]入来し、与左衛門へ、この事を申し上げた。そ
こで[与左衛門は彼らに次のような]返答を遣わした。昨日お渡しした
書付を[東莱府使は]今日都へ御注進に成られたとの由、尤に思うとこ
ろである。その上の事であるが、御返翰が早々に参る様に、折々[都
に]御連絡なさるよう[東莱府使に伝えて欲しい。そのように]申し遣
わした。訓導[の韓僉知]に対しては、御馳走の品や返進の

약속한 것은 [의문 4개조의 서간을 도성에 주진한다고 하는] 소원입
니다. 이것을 [우선 동래부사에게 전했습니다. 그리고 동래부사는 이
것을] 받으셨습니다. 그런데 어치주의 일입니다만 [이것은 사자가 그
대로] 수취하시는 것이 [좋다고 생각합니다. 수취하셔도 전혀] 문제가

없을 것이라고 생각합니다. [이렇게 한첨지는 말하며, 여러 가지] 도리를 이야기하여, 그 일을 정관님에게 전해 달라고 요구했다. 그래서 하치에몬과 야나기자에몬이 [한첨지를] 동도하여 [정관 쪽으로] 입래하여, 요자에몬에게, 이 일을 아뢰었다. 그러자 [요자에몬은 그들에게 다음과 같은] 반답을 보냈다. 어제 건넨 서부를 [동래부사는] 오늘 도성에 주진하셨다는 것, 당연하다고 생각하는 바이다. 그것에 관한 일인데, 반한이 빨리 올 수 있도록, 자주 [도성에] 연락하실 것을 [동래부사에게 전해주었으면 한다. 그렇게] 말하였다. 훈도 [한첨지]에 대해서는 어치주 물품이나 반진의

書付了簡を以東莱^江も不差出此方^江持参候由段々聞届候得共昨日申渡
候通用事をも不相済半途^二而帰国候上者朝廷方より御理^二候共受用候
儀決而不罷成候間書付之趣急度東莱^江差出し候様^二与堅申渡候様^二与両
人^江申渡ス

書付を、考えがあって東莱府使へ差し出さず、こちらへ「再び」持参
したとの事であるが[いったい、どのような理由なのかと]色々と聞い
た。だが[今一つ明白ではない。そこで与左衛門が語ったことは]昨日
も申し渡した通り[この度、拙者は]用事を済ますことができず[任務
も]半ばという段階で[心ならずも]帰国することになった。それゆえ
[お役目に伴う御馳走を返却するのである。]たとえ朝廷方から[この
御馳走返却については無用の事で]お断りすると言われても[やはり、
その御馳走を]お受けする事はできない。[この御馳走返却の]書付の
趣旨を[理解し、これを]確かに東莱府使へ差し出すようにと。その事
を[韓僉知に]堅く申し渡すよう[八右衛門と柳左衛門の]両人に[与左衛
門は]申し渡した。

서부를, 생각이 있어 동래부사에게 바치지 않고, 이쪽으로 [다시] 가
지고 왔다는 것인데 [도대체 어떤 이유인가라고] 여러 가지를 물었다.
그러나 [지금은 명백하지 않다. 그래서 요자에몬이 말한 것은] 어제도
말한 것처럼 [이번에 졸자는] 용무를 처리하지 못하고 [임무도] 어중
간한 단계로 [뜻하지도 않게] 귀국하게 되었다. 그래서 [역할과 관계
되는 어치주를 반각하는 것이다.] 설령 조정에서 [이 어치주 반각에
대해서는 필요 없는 일이라며] 거절한다고 해도 [역시 그 어치주를]

받을 수는 없다. [이 어치주 반각에 대한] 서부의 취지를 [이해하고, 이것을] 분명히 동래부사에게 제출하도록 하라고 했다. 이 일을 [한첨지에게] 강하게 전달하도록 하라고 [하치에몬과 야나기자에몬] 두 사람에게 [요자에몬이] 말했다.

(34-05)

〃同月十七日韓僉知入館裁判方[illegible]御書付東莱"相達候得者御使者御心入有

〃同月十七日韓僉知入館裁判方江罷出申聞候者昨日被仰聞候参判使
江御馳走音物等被差返候御書付東莱江相達候得者御使者御心入有
之而被仰聞事ニ候得者東莱より何角申筈ニも無之候間御書付之趣
致注進否之儀者都より差図可有之由被申候而被致注進候由申聞候

(34-05)

〃五月十七日、韓僉知が入館して来た。裁判方へ罷り出て申した
事は、昨日、お話し下さった通り、参判使[の正官]から御馳走や
音物等の差し返しがあり[それに伴う]御書付についても[御指示
通り]東莱府使の所まで達し置きました。[これについては]御使
者の御考えが有ると聞かされておりましたので[今さら]東莱府使
から、何か[苦情など]申す筈もございません。[疑問四箇条を伝
える]御書付については、その趣旨を[早速、東莱府使は都へ]注
進いたしておりました。[東莱府使が語るには、回答について
は、あるいは]否と言うような返事が[都から下って来るかもしれ
ない。だが、そうではあっても、何らかの]都からの差図が有る
事と思うと[そのように]申しておりました。[そのように確かに]
注進があった様子を[韓僉知がこちらに]話してくれた。

(34-05)

〃5월 17일에 한첨지가 입관했다. 재판 쪽에 나가서 이야기한 것
은, 어제 말씀하신 대로, 참판사 [정관]의 어치주와 증답물 등의
반각이 있었고 [그것에 따른] 서부에 대해서도 [지시한 대로] 동

래부사가 있는 곳에 가져다 두었습니다. [이것에 대해서는] 사자의 생각이 있다고 듣고 있었으므로 [지금 새삼스럽게] 동래부사가, 무엇이라고 [불만 등을] 말할 리도 없습니다. [의문 4개조를 전하는] 서부에 대해서는, 그 취지를 [서둘러, 동래부사는 도성에] 주진하고 계셨습니다. [동래부사가 말하기는, 회답에 대해서는, 어쩌면] 부정하는 것과 같은 답이 [도성에서 내려올지도 모른다. 그러나 그렇다 해도, 무엇인가] 도성의 지시가 있을 것이라고 생각한다고 [그렇게] 말씀하고 계셨습니다. 그렇게 분명한] 주진이 있었다는 상황을 [한첨지가 이쪽에] 말해 주었다.

日月言三辭令知入發裁判方、子

裁判八差為法方則對後之籍令知

中則一味不入逢筆政取榷之旦喜

當待以見取之里得法方者

若起訓肇孛之生不沒

(34-06)

〃同月廿三日韓僉知入館裁判方へ罷出裁判八右衛門并庄右衛門対
談之上韓僉知申候ハ一昨日申入候返簡改り様之思召寄書付為御
見候様ニ与望候付庄右衛門書付差出シ候処訓導無遠慮段々申談

(34-06)

〃五月二十三日、韓僉知が入館して来た。裁判方へ罷り出て、裁
判の八右衛門ならびに庄右衛門と対談を行った。その席上で韓
僉知が申した事は、一昨日お申し入れのあった返翰修正の御希
望の書付を[この際、韓僉知にも]お見せ下さい。そのように望ん
だので、庄右衛門が、この書付を差し出した。すると、この訓
導は遠慮する事も無く、色々と[その意見を]申し述べて来た。

(34-06)

〃5월 23일에 한첨지가 입관했다. 재판 쪽에 나가서, 재판 하치에
몬 및 쇼우에몬과 대담했다. 그 석상에서 한첨지가 이야기한 것
은, 그저께 요구했던, 반한의 수정을 요망하는 서부를 [이번에 한
첨지에게도] 보여주세요. 그렇게 원했기 때문에, 쇼우에몬이 이
서부를 내놓았다. 그러자 이 훈도는 거리낌 없이, 여러 가지로
[그 의견을] 이야기했다.

庄右衛門差出候書付両人相談を以文字増減候而相極候上韓僉知申候ハ
竹嶋^江重而朝鮮人不参候様ニ被仰渡候儀者東武之仰与者不被存偏ニ御国
より之御添事与朝廷方疑深く御座候故先頃被書改候返簡不宜儀を乍存
御国を御恨申候而被認様子ニ御座候

それゆえ庄右衛門は、この差し出し置いた書付を[この韓僉知の意見
も取り入れ、八右衛門と]二人で相談しつつ[改めて]文字を増減させ
[新たな文章を定め]決めていった。その上で、韓僉知が申した事は
[次のような事であった。すなわち]竹嶋へ再び朝鮮人が参らぬ様に御
連絡下さった事は、東武の御命令とは到底思えません。これは偏え
に御国(対馬)から出た[東武へおもねる]御添え事であろうと、そのよ
うに朝廷方は強く疑っておられます。先頃、書き改められ罷り下っ
た御返翰は[両国の友誼交流の点から言えば、決して]宜しくないと
[朝廷方ではよく]御承知なさっておられます。しかしながら[それで
もなお]御国(対馬)を御恨みした結果[あのような]したため方を行った
のでございます。

그렇기 때문에 쇼우에몬은 제출해둔 서부를 [이 한첨지의 의견도 반
영하여, 하치에몬과] 둘이서 상담하며 [다시] 문자를 증멸시켜 [새로
운 문장을 만들며] 결정해 갔다. 그러면서 한첨지가 말한 것은 [다음
과 같은 것이었다. 즉] 죽도에 다시 조선인이 가지 않도록 해달라고
연락하신 것은, 동무의 명령이라고는 도저히 생각할 수 없다. 이것은
오로지 나라(쓰시마)에서 나온 [동무에 아첨하기 위해] 덧붙이는 일
일 것이라고, 그렇게 조정 쪽에서는 강하게 의심하고 있습니다. 지난

번에 다시 써서 내려준 반한은 [양국의 우의 교류라는 점에서 말하자면, 결코] 좋지 않다고 [조정 쪽은 잘] 알고 계십니다. 그러나 [그럼에도] 나라(쓰시마)를 원망한 결과 [그와 같은] 기록을 한 것입니다.

此書付被致披見候ハヽ疑心必定晴可申候然共右之通疑強御座候ヘハ
韓僉知写候而参候者慥ニ無御座得与被致合点間敷候間日本人之手跡ニ
而其上正官より御口上書被相添候而者明白成儀御座候左様被成候ハ
ヽ疑敷残心有之間敷候間此趣ニ被成可然旨申候通庄右衛門入来

[しかし今回の、この]書付を[朝廷方が]御覧になれば[そのように]疑
う心は、おそらく晴れることでありましょう。しかし[朝廷方は]右の
通り[もはや]疑い深くなっておられますので[この書付を]韓僉知が写
し取り、持ち帰っても、確かな[証しには]ならず、しっかりと合点な
さるような事には[到底]至りません。[ここは是非]日本人の手跡で[写
し取り]その上で、正官からの御口上書を添えて[こちらに]頂ければ
[その証しは]明白と成りましょう。もしそのように[御書簡を]成され
たならば[朝廷方の]疑わしく思う心も、もう残るような事は無いで
しょう。このような趣旨を[韓僉知は]申し述べ[こちらに]善処を要請
して来た。そこで、その申す通りを庄右衛門が[正官屋に]入来し

[그러나 이번에, 이] 서부를 [조정 쪽이] 보시게 되면 [그렇게] 의심하
는 마음은, 어쩌면 걷히게 되겠지요. 그러나 [조정 쪽은] 위와 같이
[이미] 의심이 많아졌기 때문에 [이 서부를] 한첨지가 복사하여, 가지
고 돌아가도, 분명한 [증거는] 되지 않아, 완전히 납득하는 것과 같은
일에는 [도저히] 이를 수 없습니다. [이것은 필히] 일본인의 손으로
[복사하고] 그 위에, 정관의 구상서를 첨부하여 [이쪽에] 맡겨주면 [증
거는] 명백하게 되겠지요. 만일 그렇게 [서간을] 만드신다면 [조정 쪽
에서] 의심하는 마음도, 더 이상 남는 일이 없겠지요. 이 같은 취지를

[한첨지가] 말하며 [이쪽의] 선처를 요청했다. 그래서 말한 그대로를
쇼우에몬이 [정관옥]에 입래하여

申聞候付弥其通可申遣与相極口上書為認朱印押之八右衛門庄右衛門
を以訓導へ相渡ス此書付両国宜儀与申其上今度之一件御国ニ対し疑心
有之を披ケ申事ニ候間東莱より被致注進候ハ丶朝廷方合点被仕返翰下
り可申由申候而帰候

[与左衛門に]申し伝えを行った。その結果、いよいよその通りに申し
遣わすべきであると[段取りが]決定し[正官からの]口上書をしたた
め、そこに朱印を押し、八右衛門と庄右衛門から訓導[の韓僉知]へ渡
してやった。この書付によって[今後]両国は宜しいように向かい[友
好的な]関係になる事でしょうと[そのように韓僉知は]申していた。
その上、今度の一件は御国(対馬)に対する[朝廷方の]疑心を拡げる事
になったのであるが、東莱府使から[この書付を添え]注進がなされた
ならば、朝廷方はよく合点なされ[疑心を解き、早々に]返翰が罷り下
ることになるでありましょうと、そのように申して帰っていった。

[요자에몬에게] 전달했다. 그 결과, 결국 그대로 말을 전해야 한다고
[절차를] 결정하고 [정관의] 구상서를 기록하여, 그것에 주인을 찍어,
하치에몬과 쇼우에몬이 훈도 [한첨지]에게 건네주었다. 그 서부로 [금
후] 양국은 바람직한 방향으로 나아가 [우호적인] 관계가 될 것이라
고 [그렇게] 한첨지는 말하고 있었다. 그런 후에, 이번의 일건은 나라
(쓰시마)에 대한 [조정 측의] 의심을 키우는 일이 되었으나, 동래부사
가 [이 서부를 첨부하여] 주진하셨다면, 조정 측은 잘 납득하여 [의심
을 풀어, 빨리] 반한이 내려오는 일이 되겠지라고, 그렇게 말하고 돌
아갔다.

興不盡方今壽比老君經書滿架記

(34-07)

〃興左衛門方より東莱^江遣候短簡左^ニ記之

(34-07)

〃興左衛門方から東莱府使へ遣した短簡を左に記す。

(34-07)

〃요자에몬 측이 동래부사에게 보낸 단간을 아래에 기록한다.

四答書中有可疑者，故向呈一本書以待。

開示因惟

四答書若終轉達于

東都則

兩國恐失和好某令於，

回答ノ書中ニ有リ下可レ疑ヲ者ノ上故ニ向ニ呈テ一本ノ書ヲ以テ待ツ
開示ヲ因テ惟ミレハ
回答ノ書若シ終ニ転達スルトキハ于
東都ニ則
両国恐クハ失センコトヲ和好ヲ某今於テ

〔真文〕

回答書中有可疑者故向呈一本書以待開示因惟回答書若終転達于東都
則両国恐失和好某今於

〔読み下し文〕

回答の書中に、疑う可きが有り、故に向（さき）に一本の書を呈し、以て開
示を待つ。因（よ）りて惟（おもん）みれば回答の書、若し終（つい）に東都に転達する時
は、則ち両国恐らく和好を失せん。某（それがし）、今、

〔現代語訳〕

回答(返翰)の書中に、疑問の部分が[四箇条]有り、そのため向（さき）に一本
の書を呈する事にした。[この疑問に対する]御返答を、お待ちする。

この事をよく考えて見ると、もし[今回の]回答の書が終（つい）に東都に転達
された場合、両国は恐らく[今のような]和好[の関係]を失ってしまう
であろう。それがしは今、

회답(반한)의 서중에 의문나는 부분 [4개조가] 있어, 그것 때문에 우선 1통의 서를 바치기로 했다. [이 의문에 대한] 반답을 기다리겠다. 이 일을 잘 생각해 보면, 만일 [이번의] 회답서가 결국 동도에 전달되었을 경우, 양국은 아마도 [지금과 같은] 우회[의 관계]를 잃어버리게 될 것이다. 본인은 지금

即答書中或減或增鮮為以一本敢呈

府使大人以請轉達

都示是乃非知

衆都與弊州之情也只以集之遠見謀

兩國俱便之事也伏冀

量察不宣

乙亥五月　日

差使橘真重

回答ノ書中ニ或ハ減シ或ハ増シ録シテ為シ一本ト敢テ呈シテ于

府使大人ニ以テ請フ転達センコトヲ于

都下ニ是乃チ非レ知ルニト

東都ト与レ弊州ノ之情ヲ上也只以ツテ某之意見ヲ謀ルノミニ

両国俱ニ便ナルノ之事ヲ也伏冀クハ

量察不宣

乙亥 五月 日　　　　　　　　差使橘真重

回答書中或減或増録為一本敢呈于府使大人以請転達于都下是乃非知
東都与弊州之情也只以某之意見謀両国俱便之事也伏冀量察不宣

　乙亥 五月 日　　　　　　　　差使 橘真重

回答の書中に於いて、或いは減し或は増し、録して一本と為し、敢
えて府使の大人に呈して、以て都下に転達せん事を請う。是、乃ち
東都と弊州の情を知るにあらざる也。只某の意見を以て両国俱に便
あるの事を謀るのみ也。伏して冀くは、量察不宣

　乙亥 五月 日　　　　　　　　差使橘真重

回答の書中の文字を、或いは減し或いは増し、記録として一本のも
のに整え、敢えて府使の大人に、これを呈することに致した。これ
を都下に転達し[上申し]て頂く事を、ここに請い願う。この事は東都
と弊州の[考える]事情を[朝廷に]知らせる事ではない。只それがしだ
けの意見を以て、両国が俱に[和好の望みを持ち、その交流の]便が
有り、その[和好達成のため、なおも]知恵を尽くすべきであると[そ

のように朝廷に]お知らせする事である。それゆえ、その[朝廷への]

伝達を伏して冀う。この事情を御量察下さるようお願いする。[だが
充分に意を尽くしては]宣べ得ないで終わってしまった。[了解せられ
たい。]

　　乙亥五 月 日　　　　　　　　　　　差使橘真重

　　회답서 속의 문자를, 혹은 지우고 혹은 더하여, 기록으로 해서 1통
의 것으로 정리하여, 일부러 부사 대인에게 이것을 보내는 것으로 했
다. 이것을 도하에 전달하여 [상신하]여 줄 것을, 여기에 원한다. 이
일은 동도와 폐주가 [생각하는] 사정을 [조정에] 알리는 일이 아니다.
그저 본인만의 의견으로, 양국이 같이 [우호의 희망을 가지고, 그 교
류의] 편을 가지고 있어야, 그 [우호달성을 위해, 더욱] 지혜를 짜내야
할 것이라고 [그렇게 조정에] 알리는 것이다. 그렇기 때문에, 그 [조정
에] 전달해줄 것을 엎드려 빈다. 이 사정을 양찰하여 주실 것을 원한
다. [그러나 충분히 의견 모두를] 말씀드리지 못하고 끝나고 말았다.
[이해하여 주길 바란다.]

　　을해 5월 일　　　　　　　　　차사 타치바나 마사시게

此卷文句增減，考其存亡

(34-08)

〃返簡文句增減之書付左記之

(34-08)

〃返簡の文句、その增減の書付を左に記す。

(34-08)

〃반한의 문구, 그 증감의 서부를 아래에 기록한다.

朝鮮國禮曹參判

日本國對馬州刑部大輔平公

先太守在世之日差使齎

書備悉

示意欸

國海辺漁氓往竹島而

貴國人與之相值拘執二氓轉到因幡州府幸蒙

貴國優加資遣此可見交隣之情出於尋常欸

朝鮮国礼曹参判

日本国対馬州刑部大輔平公

先太守在世ノ之日差使帯ヒ

レ書ヲ備悉スニ

示意ヲニ我カ

国海辺ノ漁氓徃テレ竹島ニ而

貴国ノ人与レ之相値イ拘執シニ二氓ヲニ転到シニ因幡ノ州府ニニ幸ニ蒙ルニ

貴国優ニ加ルコトヲニ資遣ヲニ此ニ可レ見ニ交隣ノ之情出ルコトヲニ於尋常ニニ欽テ

歎スニ

文句増減の書付

〔真文〕

朝鮮国礼曹参判日本国対馬州刑部大輔平公先太守在世之日差使帯書
備悉示意我国海辺漁氓徃竹島而貴国人与之相値拘執二氓転到因幡州
府幸蒙貴国優加資遣此可見交隣之情出於尋常欽歎

〔読み下し文〕

朝鮮国の礼曹参判より、日本国対馬州の刑部大輔の平公へ。先の太
守の在世の日、差使が書を帯び示意を備悉す。我が国の海辺の漁
氓、竹島に徃きて貴国の人、これと相値い、二氓を拘執し因幡の州
府に転到す。幸に貴国、優に資遣を加ることを蒙る。此に交隣の
情、尋常に出ることを見る可し。欽みて

朝鮮国の礼曹参判から日本国対馬州の刑部大輔の平公(宗義真)へ書を送る。先の太守(宗義倫)の在世の日に[貴州の]使者が書簡を帯同し、その示意を充分に備え、伝えて来た。[そこに記されていた事は]我が国の海辺の漁民が、竹島に住き、そこで貴国の人と遭遇[した結果]二民は拘執され、因幡の州府へ転送となった。幸いに貴国は[二民に対し]優しく物資を遣わして下さり、加護を蒙ることができた。ここに交隣の情[を認め]それが尋常のものではないことに思い致る。

조선국 예조참판이 일본국 타이슈우 교우부 다이유우 타이라공(소우 요시자네)에게 보낸다. 앞의 태수(소우 요시쓰구)가 재세할 때에 [귀주의] 사자가 서간을 대동하고, 그 뜻을 충분히 준비하여, 전해 왔다. [그곳에 기록되어 있었던 것은] 우리나라 해변의 어민이 죽도에 가서, 그곳에서 귀국인과 조우[한 결과] 두 어민이 구집되어, 이나바의 주부에 전송되었다. 다행히 귀국은 [두 어민에 대해] 친절하게 물자를 보내 주시어, 가호를 입는 일이 되었다. 이것에 교린의 정[을 인정하고] 그것이 보통 일이 아니라고 생각한다.

高義盛激何言第所謂竹島即我

國蔚陵島者而屬于江原道蔚珍縣在本縣東海

中而風濤危險船路無便故申年移其民空其

地彼島廢棄既久則

貴國以是為屬島送回我紙欲令禁止漁船更往

者固其空也而彼島峯巒樹木自陸地歷望

見而凡其山川紆曲地形測彼民庶遺址土物所

產俱載於我

國與地勝覽書歷代相傳事跡燦然近聞

高義ヲ－感激何言ハンタ第所謂竹島即チ我カ
国ノ欝陵島ト云者ニシテ而属スニ于江原道蔚珎県ニ－在テニ本県東海ノ
中ニ－而風涛危険船路無シレ便故ニ中年移シニ其民－空スニ其ノ
地ヲ－彼ノ島廃棄既ニ久トキハ則
貴国以テレ是ヲ為シニ属島ニ－送リ回シニ我氓ヲ－欲スルレ令メント二禁止セニ漁船ノ
更ニ往クコトヲ二
者固ニ其レ宜ナリ也而彼ノ島峯彎樹木自レ陸地歴々トシテ望
見ル而凡ヲ其ノ山川ノ紆曲地形ノ闊狭民居ノ遺址土物ノ所
産倶ニ載テニ於我カ
国興地勝覧ノ書ニ－歴代相伝事跡照然タリ近ロ聞ク

高義感激何言弟所謂竹島即我国欝陵島者而属于江原道蔚珎県在本県
東海中而風涛危険船路無便故中年移其民空其地彼島廃棄既久則貴国
以是為属島送回我氓欲令禁止漁船更件者固其宜也而彼島峯彎樹木自
陸地歴々望見而凡其山川紆曲地形闊狭民居遺址土物所産倶載於我国
興地勝覧書歴代相伝事跡照然近聞

高義を欺ず。感激何をか言わん、弟所謂竹島、即ち我が国の欝陵島
と云う者にして、江原道の蔚珎県に属す。本県東海の中に在りて風
涛の危険、船路の便り無し。故に中年、其の民を移し、其の地を空
にす。彼の島の廃棄、既に久しきときは、則ち貴国、是を以て属島
と為し、我氓を送り回し、漁船の更に往くことを禁止せしめんと欲
するは、固に其れ宜なり。而して彼の島、峯彎樹木、陸地より歴々
として望み見る。而して凡そ其の山川の紆曲、地形の闊狭、民居の

遺址、土物の所産、俱に我が国の輿地勝覧の書に載せ、歴代相伝う
の事跡、照然たり。近ごろ聞く、

謹んでその高義について感謝する。その感激は言葉では言い尽くせ
ない程である。ただ[二民が渡った]いわゆる竹嶋とは、実は我が国の
欝陵嶋と言う島のことで、それは江原道の蔚珍県に属する島であ
る。本県の東海の中に在り、風涛の危険があり、船路の便りを、こ
れまでして来なかった。ゆえに[その昔]中頃の年月、その島の民を
[本土に]移し、其の地を空にした。彼の島を廃棄[同然に]して既に久
しい時、貴国が、このゆえをもって属島とした。我が民を回送し、
再び[我が国の]漁船が[島に]往来することを禁止させようとした。そ
れはまことに尤もな事ではあるが、彼の島の峯々および樹木は[我が
国の]陸地から歴々として望み見ることのできる[ほど、我が国に近い
島である。]しかもその島の概略、すなわち山川の紆曲、地形の闊
狭、民居の遺址、土物の所産、等々は、我が国の輿地勝覧という書
物に記載されている。[この島の所属が我が国に在り]歴代に亘り[我
が国のものと]伝わっていた事の跡は明らかである。近ごろ聞いた事
ではあるが、

삼가 고의에 감사한다. 그 감격은 말로는 표현하지 못할 정도이다. 다
만 [두 어민이 건넌] 소위 죽도란, 실은 우리나라의 울릉도라고 하는
섬을 말하는 것으로, 그것은 강원도 울진현에 속하는 섬이다. 본현의
동해 가운데 있는데 풍도의 위험이 있어, 항로의 편을 여기까지 보내
지 않았다. 그리고 [그 옛날] 중경의 연월에, 그 섬에 사는 사람들을

[본토로] 옮기고, 그 땅을 비웠다. 그 섬을 폐기한 것[처럼 해서] 이미 많은 시간이 지났다. 그때 귀국이 그것을 이유로 해서 속도로 했다. 우리 어민을 회송하며, 다시는 [우리나라] 어선이 [섬에] 왕래하는 일을 금지시키도록 하라고 했다. 그것은 참으로 당연한 일이기는 하지만, 그 섬의 봉우리 및 수목은 [우리나라의] 육지에서 역력히 바라볼 수가 있을 [정도로, 우리나라에 가까운 섬이다.] 그것도 그 섬의 개략, 즉 산천의 우곡, 지형의 활협, 민거의 유지, 토산의 소산 등등이 우리나라 여지승람이라고 하는 서물에 기재되어 있다. [이 섬의 소속이 우리나라에 있어] 역대에 걸쳐 [우리나라 것으로] 전해오고 있었던 사적이 분명하다. 근래에 들은 일이기는 하나,

足下再案
兩國通交未深望將此辭意轉報
東武以爲永久相好之誼不勝幸甚
佳晩謹須薄物備繊繊惟
照亮不宣
乙亥　月　日

足下再ヒ掌ルト二

両国通交ノ事ヲ二深ク望ム将テ二此ノ辞ヲ二転報シテ二

東武二以テ為セハ二永久相好ノ之誼ト二不レ勝ヘ二幸甚二

佳貺謹領シ薄物侑クレ緘ヲ統惟レハ

照亮セヨ不宣

乙亥 月 日

足下再掌両国通交事深望将此辞転報東武以為永久相好之誼不勝幸甚
佳貺謹領薄物侑緘統惟照亮不宣

　　乙亥 月 日

足下再び両国通交の事を掌ると。深く望む、此の辞意を将て、東武
に転報し、以て永久相好の誼と為せば、幸甚に勝えず。佳貺謹領し
薄物緘を侑く。統て惟れば照亮せよ。不宣

　　乙亥 月 日

足下(宗義真)が再び両国の通交の事を[東武から承り]管掌する事に
なったという。[そうであるならば、こちらが]深く望む所は[このよう
なこちらの意見を、この際、聞き入れて頂きたい。]この言辞の意味
するところを将て、東武へ転報し[了承し]て頂きたい。そして永久相
好の誼を構築すれば、幸甚に耐えないところである。ここに佳貺(結
構な贈り物)を謹み領った。[大いに感謝する次第である。]その薄物
[の品々は]御恵送の御書簡[にある誠意]を助けるものである。[ここに

記した文意が]統て明瞭に了解されることを願うばかりである。だが
思いを充分には宣べ得ないで終わってしまった。了解せられたい。

　　乙亥(元禄八年)　月　日

족하(소우 요시자네)가 다시 양국 통교의 일을 [동무에서 받아] 장악
하게 되었다 한다. [그렇다면, 이쪽이] 깊이 원하는 것은 [이러한 이쪽
의 의견을, 이참에, 들어주었으면 한다.] 이 말이 의미하는 것을 받아
들여, 동무에 보고하여 [이해하여] 주었으면 한다. 그래서 영구한 우
호를 구축하면 기쁘기 그지없는 일이다. 여기에 가황(상당히 좋은 증
물)을 삼가 받았다. [크게 감사하는 바이다.] 그 박물[의 물건들은] 혜
송의 서간[에 있는 성의]를 더해주는 것이다. [이곳에 기록한 문의가]
모두 명료하게 이해되는 것을 바랄 뿐이다. 다만 생각을 충분히는 말
하지 못하고 끝나고 말았다. 이해하여 주었으면 한다.

　　을해(겐로쿠 8년) 월 일

松屋筆記文句増減して古村并與歴第一

方々豊云短冊文字を楷極學候樣

遂ひくて疑河の出村のをくとくと

さる類ひに難問を付ハ偽正自ら検出を

先ひ過をを忘付ニ事候

岩峻をニ此一紙々彼正云過なん付る

後報試優情中をいつ當さる箋主を座

只蔚陵の言主の境畔をそそその主と死

(34-09)

〃右返簡文句増減之書付并与左衛門方より遣候短簡文意之模様緊緩之違ありて疑問の書付のことくならさる故ハ疑問之書付ハ彼国自分検点を被失候過を被心付候へかしとの事故其言葉を厳峻ニし此一紙江彼国其過を心付たる後犯越侵渉なといへり当たる文字を除キ只蔚陵の其国の境界たる事のミを記し

(34-09)

〃右に示した返簡、すなわち文句増減の書付と、ならびに与左衛門方から遣した短簡とについては、その文意の模様に緊張と弛緩とが有る。それゆえ疑問の書付のようには成っていない。その原因について言えば、疑問の書付と言うのは[そもそも]彼の国に対し[疑問の箇所を明白に呈示するものである。]自分で[一つ一つ]点検するべきを、つい忘失するという過ちについて[今一度]気付いて貰いたいがため[その欠けたる部分を]呈示するものである。[一方、文句増減の方は、ただ]その言葉使いを厳峻に選んだだけの事で[その結果]この[修正を加えた]一紙へ[目を転ずる事で]彼の国がその過ちに気付けばよいとするものである。[そうなれば]その後は、犯越、侵渉などと言う[不穏当な表現に]該当する文字は[もう一切]除かれる筈である。そして只、蔚陵嶋が朝鮮国の境界の内にある事のみを記し、

(34-09)

〃위에 기록한 반간, 즉 문구를 증감한 서부와 요자에몬 측이 보낸

단간에 대해서는, 그 문의의 상태에 긴장과 이완이 있다. 그렇기 때문에 의문의 서부처럼 되어 있지 않다. 그 원인에 대해 말하자면, 의문의 서부라는 것은 [원래] 그 나라에 대해 [의문의 개소를 명백하게 정시하는 것이다.] 자기가 [하나하나] 점검해야 하는 것을, 그만 망실했다고 하는 과오에 대해 [지금 다시] 알아차려 주었으면 해서 [그 빠진 부분을] 정시하는 것이다. [한편, 문구를 증감하는 방법은 그저] 그 언어 사용을 엄준하게 고른 것일 뿐으로 [그 결과] 이 [수정을 가한] 일부분에 [눈을 돌린 일로] 그 나라가 그 과오를 알아차리면 좋다고 하는 것이다. [그렇게 되면] 그 후에는, 범월, 침섭 등으로 말하는 [부당한 표현에] 해당하는 문자는 [모두] 제외되기 마련이다. 그리고 다만, 울릉도가 조선의 경계 안에 있다는 일만을 기록하고,

日本人の認て我属嶋とせるも尤なるとの趣を書載し此嶋の旧きに復
し候へかしと求請の意を我州に致さる之趣ニ返簡相改め彼国に存てハ
これに処して義あり我州是を受て愧なく転啓に碍りなき様ニ被致候へ
かしとの事ニ而導論の心を主として其言葉を巽柔にせんと見へたり既
にして東莱の返答不宜を以て右の書付を

日本人が認める我が属島という[考え方も]尤もであると、そのような
趣旨をも書き載せれば[まことに穏当である。]その上で、この島の所
在を旧き例に復して欲しいと、求請の意を以て我州に書を送致すれ
ば、すなわち、そのような趣旨の返簡に改めれば[交渉は円滑に進む
筈である。]彼の国にあっては、このような[こちらからの書簡修正の
要求を]処理するのに、あくまでも辞義を通す[つもりで臨む]であろ
う。我が州は是を受けて、気がひけること無く、滞り無く[この文案
を]転啓して頂きたいと[さらに要求することになる。その場合、彼の
国に対し]導き諭す心を主としつつ[あくまでも]その言葉を従順に
し、卑下したものとすることで[交渉打開を図ろうとすればよい。そ
のような意図が、この文句増減の書付、および与左衛門から東莱府
使への短簡には]見て取れる。だがもう既に東莱府使からの返答はあ
り[それは、こちらの意図を汲むようなものではなかった。むしろ問
答無用の拒否という]宜しからざる結果であった。

일본인이 인정하는 우리 속도라고 하는 [사고도] 당연하다고, 그러한
취지도 기재하면 [참으로 온당하다.] 그 위에, 이 섬의 소재를 과거의
예에 따랐으면 좋겠다라고, 요청하는 뜻을 가지고, 우리 주에 서간을

송치하면, 즉, 그러한 취지의 반간으로 바꾸면 [교섭은 원활히 진행될 것이다.] 그 나라에서는, 이와 같은 [이쪽의 서간 수정의 요구를] 처리하는데, 어디까지나 사의를 표하는 [생각으로 임]할 것이다. 우리 주는 이것을 받고, 기죽는 일 없이, 머뭇거리는 일 없이 [이 문안을] 전계하여 주었으면 좋겠다고 [다시 요구하는 일이 된다. 그럴 경우 그 나라에 대해] 인도하고 깨우친다는 마음을 가지고 [어디까지나] 그 언어를 온순하게 해서, 겸손한 것으로 해서 [교섭 타개를 꾀하려고 하면 된다. 그와 같은 의도가, 이 문구를 증감한 서부, 및 요자에몬이 동래부사에 보낸 단간에서는] 찾아볼 수 있다. 그러나 이미 동래부사가 보낸 반한은 있고 [그것은, 이쪽의 의도를 받아들이는 것은 아니었다. 오히려 문답무용의 거부라고 하는] 좋지 않은 결과였다.

庄右衛門取戻し犬猫に物いふことくなると粗々たる言葉をいへるは
朝鮮之事情にうとく速ならん事を欲するの心より憤懣を生したるに
はあらず 既に強弩の末勢となり後使を被差渡之時を待ち 再ひ右之導
論に及ふべきとおもへるなるべしされと後使の議中間にてやみ其事
も空敷なりぬ

それゆえ右の書付を庄右衛門は[あちらから]取り戻し[その東莱府使
の返答を]犬猫に物を言うようであると、粗々しく[吐き捨てるよう
な]言葉で表現した。それは朝鮮の事情に疎く、速やかに[解決を図ろ
うと]欲したものの[そうはならなかった]心から、つい憤懣を生じた
というようなものではない。[そのような単純な一時の怒りからのも
のではなく、彼我の交渉において]既に強弩の[如き強い勢いであった
我が方が、その交渉の長い経過の中で]末勢となり[ついに力を失って
しまったという悲哀からのものである。犬猫に匹敵する程の力し
か、もう無くなってしまったのだと、そのような辛い自覚からのも
のである。これ以後の手立てはと言えば、御国から、さらに]後使が
差し渡され[なお交渉]の機会を待つべきであろう。そして再び右のよ
うな導論の形に入り、合意に持ち込むべきであると、そのように考
えていた。だが後使[を派遣するという]議論は、中途で止み、そのよ
うな交渉合意の目論見も[いつしか]空しくなってしまった。

그래서 위의 서부를 쇼우에몬은 [저쪽에서] 되찾아 [그 동래부사의 반
답을] 개 고양이에게 말하는 것과 같다고, 거칠게 [내뱉는 듯한] 말로
표현했다. 그것은 조선의 사정에 어둡고, 재빨리 [해결하려고] 욕심을

부렸다가 [그렇게 되지 않은] 마음에서, 어쩌다 불만이 생겼다고 하는 것과 같은 것이 아니다. [그와 같은 단순한 일시의 분노에 의한 것이 아니라, 피아의 교섭에 있어] 이미 강노[처럼 강한 기세였던 우리 쪽이, 그 교섭의 긴 경과 속에서] 열세가 되어 [결국 힘을 잃어버렸다고 하는 비애에서 나온 것이다.] 개 고양이에 필적할 정도의 힘밖에, 남아 있지 않게 되고 말았다고, 그러한 쓰라린 자각에서 나온 것이다. 이 이후에 할 수 있는 수단을 말하자면, 나라에서 다시] 다음 사자가 파견되어 [다시 교섭하]는 기회를 기다려야 할 것이다. 그리고 다시 위와 같은 도유의 형태로, 합의에 이르도록 해야 할 것이라고, 그렇게 생각하고 있었다. 그러나 사자[를 파견한다고 하는] 의논은 도중에 중지되어, 그러한 교섭합의의 의도도 [어느새] 공허하게 되고 말았다.

(34-10)

〃五月廿六日韓僉知金判事入館裁判方〓罷出八右衛門庄右衛門対面
之上韓僉知申候ハ一昨日之書付即晚東莱〓持参為見申候処成程恰
合能被存可致注進之由被申候然所翌朝呼〓参罷越候へハ書物之儀
夜前より疾与

(34-10)

〃五月二十六日、韓僉知と金判事が入館し、裁判方へやって来
た。八右衛門と庄右衛門が、この二人に対面した。その場で韓
僉知が申した事は、一昨日の書付は即晚に東莱府使の所へ持参
し、お見せした。すると成程、具合よく出来ていると思うの
で、これを注進致そうと思う。そのように申されていた。しか
し翌朝になり、呼び出しがあって参上した。すると、この書物
の事について、夜前からとくと

(34-10)

〃5월 26일에 한첨지와 김판사가 입관하여, 재판 쪽에 왔다. 하치
에몬과 쇼우에몬이 두 사람을 대면했다. 그 자리에서 한첨지가
말한 것은, 그저께의 서부는 그날 밤에 동래부사의 처소에서 지
참하여 보여드렸다. 그러자 역시, 적당히 되어 있다고 생각하기
때문에, 이것을 주진하려고 생각한다. 그렇게 말씀하시고 계셨
다. 그러나 다음날 아침에 부름이 있어 찾아뵈었다. 그러자 이
서물의 일에 대해, 어젯밤부터 차분히

思案候得者不冝所有之候此侭差登せ候ハ、朝廷方合点無之返答有之
間敷候其上先頃推考被申付候上心掛成儀不申談致注進候者弥科ニ可罷
成候今度注進之儀存寄候儀御座候間成程注進者可仕候得共存寄之趣
御直し不被下候而者為申登かたく候由ニ而書付持返り候付東莱御了簡
如何様ニ而候哉与庄右衛門相尋候へハ書簡之書出し候音物受用

思案したが[この中には]宜しく無い所が有る。このまま[都に]報告す
れば、朝廷方の合点は無く、返答が有る訳はない。その上、先頃に
は[科として]推考を申し付けられた。そのような中では[なおのこと
朝廷に対し従順な]心掛けが無ければ成らない。それを下相談もせ
ず、直ぐに注進するようでは、いよいよ科に遭ってしまう。今度の
注進の事については、こちらも思う所があり、できるだけ注進を致
したいと思っている。だが引っかかる所があり、これを御直しにな
らなくては[都に]報告することは難しい。[そのような事を東莱府使
は申されていた。こう言って]書付けを[そのままこちらに]持ち返っ
てきた。そこで東莱府使のお考えはどのような事であるのかと、庄
右衛門が尋ねた所[先ずは]書簡の書出し[部分からが問題だという。
書簡の宛先が対等な相手ではないという。すなわち]音物(進物)の受
用の 宛先が違うという。

생각했으나 [이 안에는] 좋지 않은 곳이 있다. 이대로 [도성에] 보고하
면, 조정 측의 이해가 없어, 반답이 있을 리 없다. 그 위에 전번에는
[잘못으로 해서] 추고를 명 받았다. 그러한 상황에서 [또 조정에 순종
하는] 마음가짐이 없으면 안 된다. 그것을 미리 상담도 하지 않고, 곧

바로 주진하는 것은, 결국 벌을 받게 되고 만다. 이번에 주진하는 것에 대해서는, 이쪽도 생각하는 것이 있어, 될 수 있는 대로 주진하고 싶다고 생각하고 있다. 그러나 걸리는 것이 있어, 이것을 고치지 않으면 [도성에] 보고하는 일은 어렵다. [그 같은 일을 동래부사가 말하고 있었다. 이렇게 말하고] 서부를 [그대로 이쪽으로] 가지고 돌아왔다. 그래서 동래부사의 생각은 어떠한 것인가라고, 쇼우에몬이 물었더니 [우선은] 서간의 처음 [부분부터가 문제라 한다. 서간의 상대가 대등한 상대가 아니라고 한다. 즉] 선물(진상품) 수용의 대상이 다르다 한다.

支干乞御書載被成候御書付ニ而者注進難仕由被申候与申候時庄右衛門
申候者是ハ不聞儀を申聞候前書者対馬州太守与有之故対馬州刑部大
輔与被改候儀為御知書出し候終ハ先太守より之送物ニ候ヘハ唯御受用
被成候儀斗を御書載被成候儀支干ハ今年之ニ御改被成候儀を為御知為
書付事ニ候除候へと有之候得者此段者無別条事ニ候除之候得ハ

そして干支の使用などが[書簡の礼式上、要求を]乞う形に[合わない
のだと言う。このような]書き載せの形式で記した書付では[都への]
注進は難しいのだと言う。そのように[韓僉知は]語って来た。そこ
で、その時、庄右衛門が申した事は、是は聞き捨てならぬ事を聞い
てしまった。前の書では[その書き出し部分が礼曹参判と同格の]対馬
州の太守[であった。だが今度の書では、刑部大輔の平公]と有るため
であろう。だが[前藩主はすでに死去し、今は幼い太守が、その後を
継いでいる。幼主ゆえに御隠居様の後見があり、今度の書では、そ
の幼い太守を後見する御隠居様の称号として]対馬州の刑部大輔平公
と改めたまでである。この事を[どうして問題視するのであろうか。
こちらは敢えて]御知らせのため[このように]書き出したまでの事あ
る。[また、こちらから届けた音物とは、こちらから送る書簡に付随
させた、単なる物品でしかない。

　それは]結局、先の太守からの送物と言うことになるが[それに対す
る返簡の宛先は、幼い新太守であろうと、その後見役の対馬州の刑
部大輔であろうと、どちらでも構わぬものである。]唯御受用に成ら
れるようにと、その事ばかりを御書き載せに成った[だけで、音物受
容の宛先が太守とならない事を、この際、問題視するのは、言い掛

かり以外の何ものでもない。]また干支について言えば[先の太守の時
の書簡として、その書簡往復の癸酉か甲戌の年に、果たして定める
べきであろうか。確かにその時の書簡の修正ではあるが、もはや交
渉は延引に及んでおり、そのような現実を踏まえれば]今年の[乙亥
に]これを御改めに成られて[支障は無い筈である。]その事を御知ら
せし、書付にしたまでの事である。除いて欲しいと有れば、このよ
うな事は特別な事情の有る話では無いので、除く事も可能である。

그리고 간지의 사용 등이 [서간의 예식상, 요구를] 하는 형식에 [맞지
않는다고 한다. 이와 같은 기재 형식으로는 [도성에] 주진하는 것은
어렵다고 말한다. 그렇게 [한첨지는] 말했다. 그래서, 그때 쇼우에몬
이 말한 것은, 이것은 들어넘길 수 없는 말을 듣고 말았다. 전의 문서
에서는 [그것을 쓰기 시작한 부분이 예조참판과 동격인] 쓰시마슈우
의 태수[였다. 그러나 이번의 문서에서는, 교우부 다이유우 타이라공]
이라고 있기 때문일 것이다. 그러나 [전 번주는 이미 사거하고 지금
은 어린 태수가 그 뒤를 잇고 있다. 유주이기 때문에 은거하신 분의
후견이 있어, 이번의 문서에서는, 그 어린 태수를 후견하는 분의 칭호
로 해서] 쓰시마슈우의 교우부 다이유우공이라고 고쳤을 뿐이다. 이
일을 [어째서 문제시하는 것일까. 이쪽은 일부러] 알리기 위해 [이렇
게] 쓰기 시작했을 뿐이다. [또 이쪽에서 보낸 선물이란, 이쪽에서 보
내는 서간에 부수시킨, 단순한 물품일 뿐이다. 그것은] 결국 전 태수
가 보낸 송물이라고 하는 것이 되지만, [그것에 대한 반한의 대상은,
어린 신태수이건, 그 후견역인 쓰시마슈우의 교우부 다이유우이건,
어느 쪽이라 해도 상관없는 일이다.] 그저 수용할 수 있도록 하라고,

그것만을 기재했을 [뿐으로, 선물 수용의 대상을 태수로 할 수 없다
는 것을, 이번에 문제시하는 것은 트집 이외에 아무것도 아니다.] 또
간지에 대해서 말하자면 [전 태수 때의 서간으로 해서, 그 서간을 왕
복한 계유나 갑오년으로, 과연 정해야 하는 것일까.] 분명 그때 서간
의 수정이기는 하지만, 이미 교섭은 연기되고 있어, 그 같은 현실을
감안하면] 금년의 [을해로] 이것을 개정하게 되어도 [지장은 없기 마
련이다.] 이 일을 알리고, 서부로 했을 뿐이다. 삭제해줄 것을 바란다
면, 이 같은 일은 특별한 사정이 있는 이야기가 아니므로, 삭제하는
일도 가능하다.

貴國欲以是為屬島、送回我氓、令禁止。
漢舶更往者、豈其然乎、

注進有之事ニ候哉与相尋候之処中々御注文之内ニも如斯候而者都之首
尾宜ケル間敷候由被申候与訓導申ニ付如何様ニ可直御了簡ニ候哉与硯紙
出し候得ハ貴国欲ト以レ是ヲ為ニ属島トー送リニ回シ我氓ヲー令禁ニ止セ漁船ノ
更ニ徃者ヲー豈ニ其レ然シヤ乎ケ様之儀ニ而候ハ、可致注進与被申候由申ニ
付扨々此返答絶言語候更ニ犬猫なとニ物申様成儀兎角相談有之間敷与
之心入ニ而候

もしも除いたならば[都へ]注進して下さるのかと尋ねた処、中々[そ
うは行かないと言う。]御注進の文書[を予め作る内でも]このように
[こまごまとした]配慮が必要であるから[都へ報告を上げた後の事な
どは一切わからない。おそらくその]首尾は宜しくないであろうと、
そのような事を[東莱府使は]申されていた。このように訓導が話すの
で、それに付いて、どのように書簡を直すべきであろうか、お考え
はあるのかと硯を取り出し[文案を示すように依頼すると]書き出した
ものは「貴国欲以是為属島送回我氓令禁止漁船更徃者豈其然乎(貴国
は是を以って属島と為し、我が氓を送り回し、漁船の更に徃者を禁
止せしむを欲す。豈に其れ然んや)」すなわち「貴国はこの嶋を以って
属島とし、我が民を捕らえ送り返した。さらに我が漁船が島に渡る
ことを禁止しようとする。果たしてこのような事は正しいことなの
か」とあった。このような事であれば注進をするのであるがと[東莱
府使は]申されていたと[訓導は]話すのであった。さてさて、このよ
うな[こちらを咎めるような]返答は聞くに絶えないことである。いっ
そう犬猫などに物を申す様な事である。兎にも角にも、もう相談な
ど一切する気が無いというお考えであろう。

만일 삭제하면 [도성에] 주진하여 줄 것인가라고 물었더니, 좀처럼 [그렇게 하기는 어렵다고 한다.] 주진하는 문서[를 미리 작성하는 중이라 해도] 이렇게 [세세한] 배려가 필요하므로 [도성에 보고를 올린 후의 일 등은 일체 알지 못한다. 아마도 그] 상황은 좋지 않을 것이다. 그와 같은 일을 [동래부사는] 말하고 있었다. 이렇게 훈도가 말하기 때문에, 그것에 대해, 어떻게 서간을 고쳐야 하는 것일까. 생각은 있는 것인가라며, 벼루를 꺼내어 [문안을 써보라고 의뢰하자] 써낸 것은 [貴国欲以是為属島送回我氓令禁止漁船更往者豈其然乎(귀국은 이것을 속도로 하고, 우리 인민을 회송하고, 어선이 또 가는 것은 금지시켜 주었으면 한다. 어떻게 그렇게 할 수 있는가).] 즉 [귀국은 이 섬을 속도라며, 우리 인민을 붙잡아 돌려 보냈다. 다시 우리 어선이 섬에 건너는 일을 금지시키려고 한다. 과연 이러한 일이 바른 일인가]라는 것이었다. 이러한 것이라면 주진을 하겠지만이라고 [동래부사는] 말하고 있었다고 [훈도가] 말하는 것이었다. 그런데 이처럼 [이쪽을 책망하는 것과 같은] 반답은 듣고 감당할 수 없는 일이다. 차라리 개 고양이에게 말하는 것과 같은 일이다. 어쨌든 이미 상담 따위는 일체 할 의사가 없다는 생각일 것이다.

東莱合点ニ而被致注進候而さへ都之御合点難斗候右之御返答之趣ニ而
者迚も御相談申候而も不埒明事ニ候間此上ハ何角不入候与挨拶候而返
進之書物二通庄右衛門請取早速立退く東莱江被仰聞

たとえ東莱府使が合点し、注進なさっても、都での御合点があるか
どうか、斗り難いところである。右のような御返答の趣旨であれ
ば、都へ御相談を申し上げても、到底、埒の明かぬ事であろう。こ
の上は何かと[申し入れをしても、もはや]受け入れるような事は無い
であろう。そのように挨拶し、返進の書物を二通、庄右衛門は受け
取った。早速[この地を]立ち退くと、そのような返答の趣旨を東莱府
使へ伝えるよう

설령 동래부사가 납득하고 주진하셔도, 도성에서 납득할 것인가 어쩔
것인가가, 예측하기 어려운 일이다. 위와 같은 반답의 취지라면, 도성에
상담을 해도, 도저히 해결되지 않을 것이다. 이런 이상은 무어라고 [요
구를 해도 더 이상] 받아들이는 것과 같은 일은 없을 것이다. 그렇게 이
야기하고, 반진의 서물 2통을, 쇼우에몬은 수취했다. 서둘러 [이곳을] 떠
난다고, 그러한 반답의 취지를 동래부사에게 전하도록 하라고

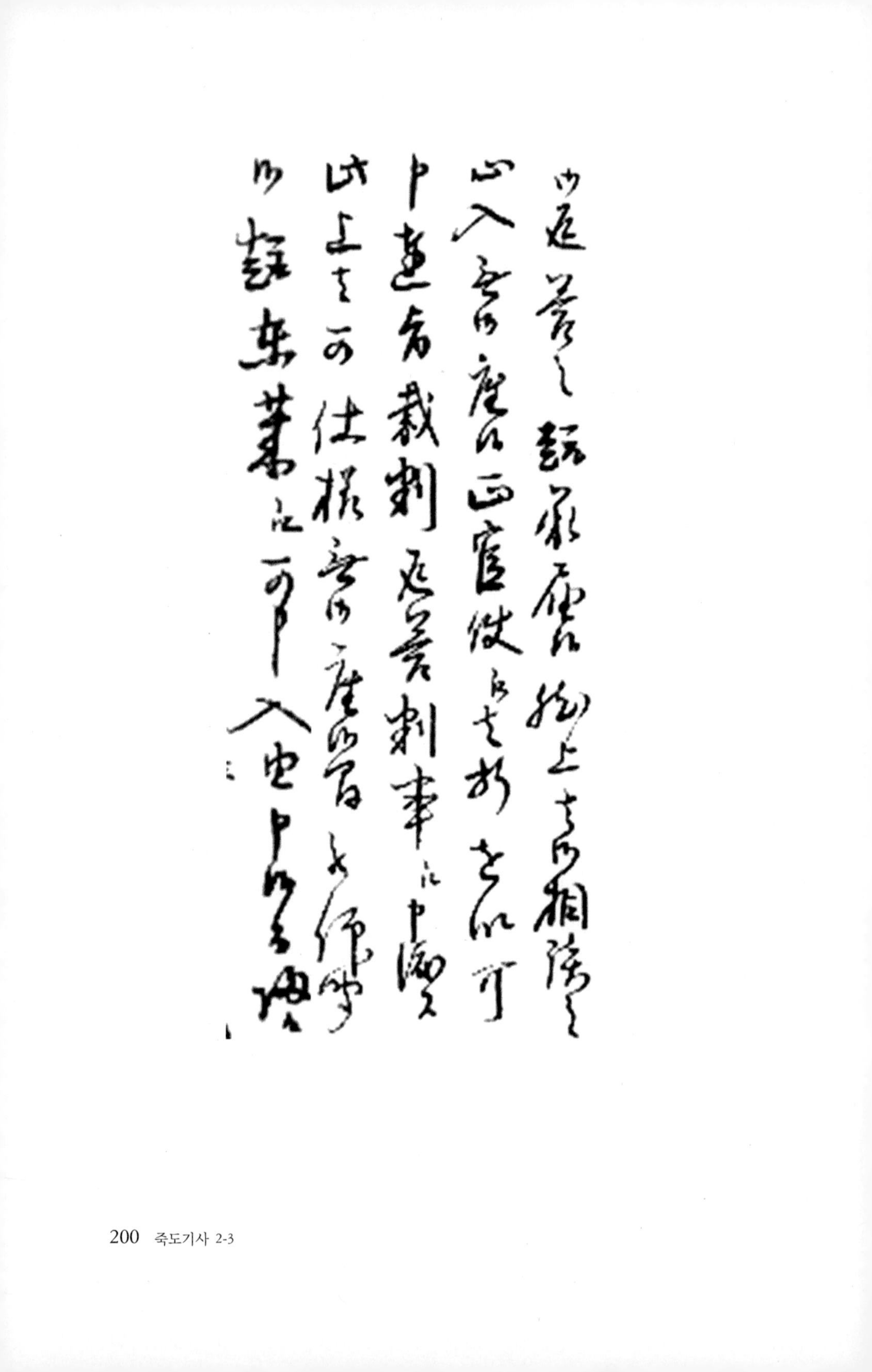

御返答之趣承届候然上者御相談之心入無御座候正官使^江者折を以可申
達旨裁判返答判事^江申渡ス此上者可仕様無御座候間被仰聞候趣東莱^江
可申入由申候而帰候

[二人の判事に]言い渡した。こうなった以上[もう東莱府使と]相談し
ようなどという考えは無くなった。正官殿へは折を見て、この[交渉
決裂の]お話しを申し伝える。そのような趣旨を裁判が返答し[二人
の]判事へ申し渡した。この上は[もはや交渉打開を図る何の]手立て
も無い。そのような趣旨の事を[こちらでは]話していたと、それを東
莱府使に申し伝えると言って[二人の判事は]帰って行った。

[두 사람의 판사에게] 말했다. 이렇게 된 이상 [다시 동래부사와] 상담
하는 등의 생각은 없어졌다. 정관님에게는 때를 보아, 이 [교섭 결렬
의] 이야기를 전하겠다. 그 같은 취지를 재판이 반답으로 해서 [두 사
람의] 판사에게 말했다. 이런 이상은 [더 이상 교섭 타개를 위한 어떤]
방법도 없다. 그러한 취지의 일을 [이쪽에서는] 이야기하고 있었다고,
그것을 동래부사에게 전하겠다고 말하고 [두 판사는] 돌아갔다.

(34-11)

〝同月廿八日訓導別差入館裁判方江罷出申聞候ハ昨日被仰聞候趣東
莱江申達候之処一昨日被仰聞候御書付存寄之趣申入候得者御心二
背候由承候御書付之通二而者注進難仕候間跡先を御除被成御書付
被差越候ハ、注進仕見可申候都之首尾冝ケル間敷与存候儀者御請

(34-11)

〝同月(五月)二十八日、訓導と別差とが入館し、裁判方へ罷り出て
申したことは[次のような事である。すなわち]昨日お話し下さっ
た御趣旨を、東莱府使へ申し伝えました。すると[東莱府使が
おっしゃるには]一昨日、お話し下さった御書付については[いさ
さか、こちらでも]思うところがあり、その趣旨を[そちらに]申
し入れた。だが御心に添わず、期待を裏切ってしまった。御書
付の通りにしていては注進が難しいので[問題となる]前後の部分
を除いた形で御書付を提出して頂ければ、注進して見る事にす
る。だが都の[情勢を判断し]首尾が宜しくないと思えば[この注
進すら]請け

(34-11)

〝동월(5월) 28일에 훈도와 별차가 입관하여 재판 쪽에 가서 말한
것은 [다음과 같은 일이다. 즉] 그저께 말씀하신 취지를 동래부
사에게 전했습니다. 그러자 [동래부사가 말씀하시길] 그저께 말
씀해주신 서부에 대해서는 [약간, 이쪽에서도] 생각하는 것이 있
어, 그 취지를 [그쪽에] 요구했다. 그러나 마음에 들지 않아, 기대

를 저버리고 말았다. 서부 그대로 해서는 주진하기 어렵기 때문
에 [문제가 되는] 전후 부분을 삭제한 형태로 서부를 제출해 주
면, 주진해 보기로 한다. 그러나 도성의 [정세를 판단하여] 상황
이 좋지 않다고 생각하면 [이 주진조차도] 하기

難申候幾重ニ茂宜様ニ与存申入候得とも無御承引上者可仕様無御座候与
東莱返答申来候付唯今東莱之御心入ニ而者書付跡先除候而進候共首尾
可仕存寄無御座上者兎角御相談不罷成候由裁判返答申聞両訳帰候

難い所がある。幾重にも[心に掛け]宜しい様にと思い[都へ]申し入れ
るのであるが[朝廷の]御承引が無い事には、どうしようも無いのだと
[そのような]東莱府使の返答を[訓導と別差とが]伝えて来た。それに
付いて[こちらが返答した事は]唯今、東莱府使の御考えを承った。書
付の前後の部分を除いて、事を進めてはとのことであるが、それでも
首尾よく事が運ぶわけではないという。そうであるならば、もうあれ
これと相談をしても[意味は無い。交渉はもう]打ち切りであると、こ
のように裁判が返答した。それを聞いて両訳は帰って行った。

어려운 점이 있다. 몇 번이고 [걱정하며] 잘되게 할 생각으로 [도성에]
요구하는 것이나 [조정의] 승인이 없는 일에는, 어떻게 할 수가 없는
것이라고 [그러한] 동래부사의 반답을 [훈도와 별차가] 전해 왔다. 그
것에 대해 [이쪽이 반답한 것은] 지금 동래부사의 생각을 들었다. 서
부의 전후 부분을 삭제하고 일을 진행하면 어떻겠는가라는 것인데,
그렇게 해도 상황이 좋게 되는 것은 아니라 한다. 그렇다면 더 이상
이것저것 상담한다 해도 [의미가 없다. 교섭은 이미] 끝났다라고, 이
렇게 재판이 답했다. 그것을 듣고 양역은 돌아갔다.

滞刻之操の五り泊船之此之
仕り而貴大君を以下期解を
隣好之國之に而之阿蘭陀人を招
押候可为致画者毋事之所海
らて子連阿蘭陀人之
此海之沅宦之由b审に日本人之　貴大君
唱仕り八以前阿蘭陀人相解し

〃此時訳官之内より密ニ日本人江噂仕候ハ以前阿蘭陀人朝鮮之済州
　を掠め取り泊船之地与可致与仕候所貴大君被聞召朝鮮者隣好之
　国ニ候所ニ阿蘭陀人ニ左様之押領可為致置筈無之候与之御儀にて
　早速阿蘭陀人江　貴大君

〃この時、訳官の内から、密かに日本人へ噂が流れて来た。[彼ら
　が言うには]以前、阿蘭陀人が朝鮮の済州島を掠め取り、船の停
　泊地にしようとする[(註3)][事件がありました。]これを貴国の大君
　がお聞きになり、朝鮮は隣好の国であり、そのような所に阿蘭
　陀人が、そのような押領を目論むとは[けしからん。]そのまま許
　し置く事はできないと、そのような議論があったようです。早
　速阿蘭陀人へ、貴国の大君

〃이때, 역관들 중에서, 은밀하게 일본인에게 소문이 흘러들었다.
　[그가 말하는 것은] 이전에 네덜란드인이 조선의 제주도를 약취
　하여 배의 정박지로 삼으려고 한 [사건이 있었습니다.] 이것을
　귀국의 대군이 들으시고, 조선은 인호의 나라인데, 그러한 곳에
　네덜란드인이, 그렇게 압령을 계획하는 것은 [괘씸하다.] 그대로
　놓아두는 일은 할 수 없다라고, 그러한 의논이 있었던 것 같습니
　다. 서둘러 네덜란드인에게, 귀국의 대군이

より被仰諭候処彼人厳命を省キ置不申済州兵禍を免かれ只今ニ至彼地
之百姓安堵仕居候段誠ニ　貴大君之御恩沢ニ候故此段古来より申儀朝鮮
国中之人感心仕候然者竹嶋ハ誠ニ海中之小嶋ニ候ヘハ日本大国之御心ニ
而　貴大君此小嶋を被争候思召ニハ

からお諭しする処があり、彼の阿蘭陀人は[大君の]厳命を[全て]省略
する事なく[受け容れたとのことです。おかげさまで]済州島は兵禍を
免かれ、只今に至っているとのことで、彼の地の百姓は安堵いたし
て居ります。これは誠に貴国の大君の御恩沢に依る処でございま
す。それゆえ、この事は古来より申すような[善隣友好の証として]朝
鮮国中の人が感心をしています。そうであるならば、竹嶋は誠に[小
さな]海中の小島でありますので、日本は大国としての御心で[御判
断]なされば[宜しいかと存じます。そうすれば]貴国の大君は、この
小島を争うようなお考えは、

깨우쳐주는 일이 있어, 그 네덜란드인은 [대군의] 엄명을 [모두] 생략
하는 일 없이 [받아들였다 합니다. 그 덕택으로] 제주도는 병화를 면
하여, 지금에 이르렀다는 것으로, 그 지역의 백성은 안도하고 있습니
다. 이것은 그야말로 귀국 대군의 은택에 의한 일입니다. 그래서, 이
일은 고래부터 말하는 것과 같은 [선린우호의 증거로 해서] 조선국의
모든 사람이 감탄하고 있습니다. 그렇다면 죽도는 그야말로 [작은] 소
도이기 때문에, 일본은 대국의 마음으로 [판단]하시면 [좋지 않을까라
고 생각합니다. 그렇게 하면] 귀국의 대군은, 이 작은 소도를 다투려
고 하는 생각은

在之間敷候定而対州より竹嶋を以　江戸^江之御会釈^ニ可被成与之事^ニ而
可在之候たとへハ道^ニ而物を拾ひ候時其主相知候ハ、其人^ニ返し申ス
道理^ニ候故竹嶋之儀も此筋^ニ可被成事^ニ候旨申候而日本人返答不罷成候
所一人答申候ハたとへハ我扇子を

お持ちにならない事でしょう。おそらく対州から竹嶋について[御報
告を申し上げ]江戸へ[事情説明と共に御挨拶]御会釈を成されれば、
事は収まるものではありませんか。たとえば道にて物を拾った時な
ど、その持ち主を知っていれば、その人に返して上げる道理でござ
います。それゆえ竹嶋の事も、このような筋道で考えれば良い事と
存じます。このように[訳官が]申して来たので、日本人は返答に窮し
てしまった。そのような所に一人だけ返答した者がいた。その者の
言うには、たとえば自分の扇子を

가지시지 않겠지요. 아마도 타이슈우에서 죽도에 대해 [보고를 올려]
에도에 [사정을 설명하고 인사하며] 해설해주시면, 일은 해결되지 않
겠습니까. 가령 길에서 물건을 주웠을 때, 주인을 알고 있으면, 그 사
람에게 돌려주는 것이 도리입니다. 그렇기 때문에 죽도의 일도, 그러
한 사리로 생각하면 좋은 일이라고 생각합니다. 이처럼 [역관이] 말했
기 때문에, 일본인은 답에 궁해지고 말았다. 그러할 때 한 사람만이
답을 했다. 그자가 말하기를, 설령 자신의 부채를

道ニ而落し候時拾ひ候人ヲ承出し候ハヽ、落シ候者より先振江断りを申
何とそ返し被下候様ニ与懇情可致道理ニ候所却而拾ひ候人より奪ひ取
り此扇子ハ元来我扇子ニ而候を何とて押領被致候哉非道之至ニ候与却
而拾ひ候人を叱責いたし候時礼義ニ而可有之哉与答候ヘハ訳官言語塞
り候由也

道に落とした時、それを拾った人を見つけ出した場合、落とした者の
方から先に[挨拶の]しぐさをして予め了解を求め、何とぞお返し下さ
います様にと、懇情を以て願い出るのが道理である。それなのに却っ
て、その拾った人から、これを奪い取り、この扇子は元々が自分の扇
子である。どうして押領したのか、非道の至りではないかと、却って
拾った人を叱責するのは、礼義の上で有るべき事であろうかと、この
ように答えたので、訳官は言葉を詰まらせてしまった。

길에 떨어뜨렸을 때, 그것을 주운 사람을 발견했을 경우, 떨어뜨린 자
쪽에서 먼저 [인사하는] 예를 차리고 미리 양해를 구하며, 제발 되돌
려주십시오라고, 간청하며 원하는 것이 도리이다. 그러한데 오히려,
그 주운 사람한테서 이것을 탈취하여, 이 부채는 원래 자기의 부채이
다. 어째서 압령한 것인가, 도리에 어긋난 것 아닌가라고, 오히려 주
운 사람을 질책하는 것은, 예의상으로 있을 수 있는 일인가라고, 이처
럼 답했기 때문에, 역관은 말문이 막히고 말았다.

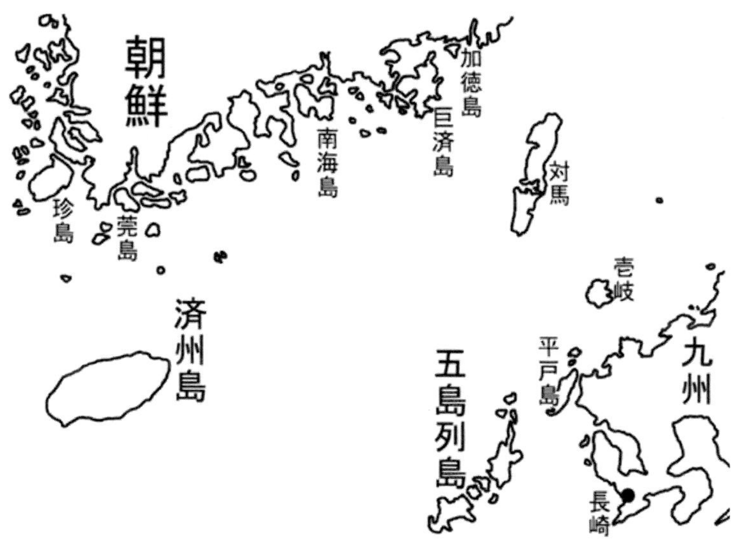

[図 4、済州島、五島列島、長崎]

≪解説≫

註１、納得のいかない文言が数箇条ほどある

　多田与左衛門は今度の返翰について、納得いかない箇所が三箇所あると述べていた。それが高勢八右衛門、陶山庄右衛門、阿比留惣兵衛の三人の渡海により四箇所となっている。合議の結果、一箇所が増え、疑問四箇条の呈文となった。追加されたのは、おそらく、この四箇条の四番目の綱目であろう。疑問としては前三箇条と重なっている。しかしこの四番目を記すことで、朝鮮側の主張すなわち八十二年前の朴慶業の書簡に対する反論を示している。そして日本領とする根拠を、ここで今一度、主張している。合議の末の工夫が、ここに現れている。

의문 넷

　타다 요자에몬은 이번의 반한에 대해, 납득할 수 없는 곳이 3개소 있다고 말했다. 그것이 타카세 하치에몬, 스야마 쇼우에몬, 아비루 소우베에 3인의 도해로 4개소로 되어 있다. 합의한 결과 1개소가 늘어, 의문 4개조의 정문이 되었다. 추가된 것은, 아마도, 이 4개조의 4번째 당목일 것이다. 의문으로 해서는 앞의 3개조와 겹친다. 그러나 이 4번째를 기록하는 일로, 조선 측의 주장, 즉 82년 전의, 박경업의 서간에 대한 반론을 말하고 있다. 그리고 일본령으로 하는 근거를 여기서 다시 한 번, 주장하고 있다. 합의한 후의 노력이 여기에 나타나 있다.

註２、両国共に歓ぶ事

両国の民が共に島に入り、両国の民が共に歓ぶ事があったのでは

ないかと、すなわち当時、入り会いの島であったのではないかと、そのような状態にあった事を、ここで呈示する。この考えは『竹島考』にも載せられていて、元禄五年、村川船が島に渡った時、既に朝鮮人漁民が島に渡っていたが、通詞らしき人物が親切に「何様着岸アッテ上陸セラレヨト温語ヲ以テ勧メ申シケレドモ」と、共に漁をすることを許容していたにもかかわらず、こちらは「其ノ情実ノ程計リ難ク、敢テ其意ニ随ハズ」となって、この時、引き揚げてしまったという。この記裁の直後、古老の伝えた言説として「コノ時、此方ノ船人ドモ事ヲ和順ニ計リ、異客ヘモ倶ニ所務ヲ成サシムルトキハ永ク通舶相成ルベキコト成ルニ、彼等が思慮浅クシテ時勢ヲモ弁ヘズ後来ヲ懲シメントテ実ハ理不尽ノ譴責ヲ成シケル故、彼ト憤怨ヲ搆ンデ、後ニハ此方ノ船隻ヲ拒撃セルニ至レリ」とある。入り会いを拒否したことが、結局、こちらの船が拒絶に至った原因であると、そのように古老は語っていた。

양국의 어민

양국의 인민이 같이 섬에 들어가, 양국민이 같이 즐거워하는 일이 있었던 것은 아닐까라고, 즉 당시, 같이 들어가는 섬이 아니었을까라고, 그러한 상태에 있었던 일을, 여기서 정시한다. 이 생각은 『죽도고』에도 실려 있어, 겐로쿠 5년에 무라카와선이 섬에 건너갔을 때, 이미 조선인 어민이 섬에 건너와 있었으나, 통사 같은 인물이 친절하게 「어쨌든 착안하여 상륙하세요라고 따뜻한 말로 권하는 말을 했으나」라고, 같이 어렵하는 것을 허용하고 있었음에도 불구하고, 이쪽은 「그 정실의 내용을 헤아리기 어려워, 일부러 그 뜻에 따르지 않는」 일이 되어, 이때에 철수하고 말았다고 한다. 이 기록의 직후에, 고로가 전한 언설로 해서 「이때, 이쪽의 선원들이 일을 순하게 배려하여, 이객도 같이 작업을 하게 할 때는, 오랫동안 통박할 수 있었는데, 그들의 사려가 없어지면서 시기를 가리지 않고 후에 오는 자를 응징하려고 하는 것은, 그것은 이치에 어긋난 견책이었기 때문에, 그들과 적대하는 관계가 되어, 후에는 이쪽의 배를 거부하며 공격하게 되었다」라고 되어 있다. 같이 들어가는 것을 거부한 일이, 결국, 이쪽의 배를 거절하는 일에 이른 원인이라고, 그렇게 고로는 말하고 있다.

　註3、済州島を掠め取り、船の停泊地にしようとする

　オランダ人のヘンドリック・ハメルらの漂流事件(一六五三年)が別な形で伝わったものである。ハメルらの乗ったデ・スペルウェール号は難破し、済州島に漂着した。捕らえられた三十六人のうち一人は衰弱死し二人は獄死し、残る三十三名が過酷な状態で幽囚生活を送る事になった。捕らえられてから十三年後、ハメルら八名が朝鮮から脱出、日本の五島列島に到着した。その後、長崎奉行所に送られ、事情を聞かれた後、オランダへの帰国を許された。また残る幽囚のオランダ人の引き渡しを、幕府は朝鮮側に求めた。生存していた残る七名のオランダ人も、釜山経由で一六六八年に引き渡され、ようやくのことで出島のオランダ商館に入った。この事件についてのハメルの手記が『朝鮮幽囚記』(生田滋訳『朝鮮幽囚記』東洋文庫一三二、平凡社、一九六九)である。

하멜

네덜란드인 헨드릭 하멜의 표류사건(1653년)이 다른 형태로 전해
진 것이다. 하멜이 탄 스페르웨르호는 제주도에 표착했다. 붙잡힌 36
인 중 1인은 쇠약하여 죽고, 2인은 옥사, 남은 33명이 과혹한 상태에
서 유수생활을 보내게 되었다. 붙잡힌 13년 후에, 하멜 등 8인이 조선
을 탈출하여 일본의 고토우 열도에 도착했다. 그 후에 나가사키 봉행
소로 보내져, 사정을 들은 후에, 네덜란드로의 귀국이 허가되었다. 또
남은 네덜란드 유인의 인도를, 막부가 조선에 요구했다. 생존해 있던
7인도 부산을 경유하여, 1668년에 인도되어, 겨우 데지마에의 네덜란
드 상관에 들었다. 이 사건에 대한 하멜의 수기가 『조선유수기』(이쿠
타 시게루 역 『조선유수기』 동양문고 132, 평범사, 1969)이다.

○同八年六月十日與右衛門方ゟ寺社奉行所へ差出候
趣　同人乗來舟之儀ニ付與右衛門方ゟ書状
差出一通之書付を　被為裁判ニ相済候得共與右衛門
一通上船仕候之

【大綱三五段(元禄八年六月)】

(35-00)

○ 同八年六月十日与左衛門方より東莱江遣し置候疑問之返答未無之
候ニ付与左衛門方より東莱江遣候一通之書付を館守裁判江相渡シ
置与左衛門一行上船仕ル也

【大綱三五段(元禄八年六月①)】

(35-00)

○ 元禄八年六月十日、与左衛門方から東莱府使へ遣わして置いた疑
問[四箇条の書付]に対し、その返答が未だ無かった。そこで、与
左衛門方から東莱府使へ宛てた一通の書付を、館守裁判へ渡し置
き、与左衛門一行は[いよいよ帰国のための]上船となった。

【대강 35단(겐로쿠 8년 6월 ①)】

(35-00)

○ 겐로쿠 6년 10일에 요자에몬 측에서 동래부사에게 보내 두었던
의문 [4개조의 서부]에 대해, 그 반답이 아직 오지 않았다. 그래
서 요자에몬이 동래부사 앞으로 보내는 1통의 서부를, 관수 재
판에게 건네두고, 요자에몬 일행은 [드디어 귀국하기 위해] 승
선하게 되었다.

(35-01)

〃是より前六月二日正官方江訓導韓僉知別差金判事相招与左衛門僉
　官中裁判高勢八右衛門并陶山庄右衛門遂対面申渡候ハ拙子爰元
　滞留之儀疑問之書付御渡し申候日より三十日当月十五日迄相

(35-01)

〃これより前の六月二日、正官方へ訓導の韓僉知と別差の金判事
　を招き、与左衛門と、その僉官(総ての下僚)の中から裁判の高勢
　八右衛門と陶山庄右衛門とが同座し、彼らと対面した。その席
　上で[与左衛門が二人に]申し渡した事は[以下のような事であ
　る。]拙者がこちらに滞留する期間は、疑問[四箇条]の書付を御
　渡し申した日(五月十五日)から三十日である。すなわち当国に六
　月十五日迄は

(35-01)

〃이보다 전인 6월 2일에, 정관 쪽에 훈도 한첨지와 별차 김판사를
　불러, 요자에몬과 그 첨관(모든 하료) 중에서 재판 타카세 하치
　에몬과 스야마 쇼우에몬이 동좌하여, 그들과 대좌했다. 그 석상
　에서 [요자에몬이 두 사람에게] 말한 것은 [이하와 같은 일이다.]
　졸자가 이쪽에 체재하는 기간은, 의문 [4개조]의 서부를 건네준
　날(5월 15일)부터 30일이다. 즉 당국에 6월 15일까지는

待可申与申達置候得共日限縮メ候而十日ニ乗船候筈ニ相定候定而東莱
御不審ニ可被思召候得共此段者兼而心入有之儀ニ候三十日与兼而申入
候儀者疑問之御返答為可承斗ニ而無之候疑問之御返答相待斗之心入ニ
候ハ、早以飛脚御注進三日ニ者都江可相達候御返答到来之日数も又其
通ニ候へハ往来六日ニ埒明事ニ候都ニ而も御返答之御相談も

待つと申して置いた。だが日限を縮め、十日には乗船する事に定め
た。おそらく東莱府使は御不審にお思いになる事であろう。だがこ
れは兼ねてから考えていたことである。三十日と兼ねて申し入れて
置いたのは、疑問の御返答を承るつもりで待つばかりの事では無
い。疑問の御返答を待つばかりの考えであれば、早飛脚を以て御注
進なされば、三日には都へ達する筈である。御返答の到来日数も又
その通りであれば、往来は六日もあれば[充分に]埒の明く事であろ
う。都では御返答の御相談も

기다린다고 말해 두었다. 그러나 날짜를 당겨 10일에는 승선하는 것
으로 정했다. 아마도 동래부사는 이상하게 생각하시는 일일 것이다.
그러나 이것은 전부터 생각하고 있었던 일이다. 30일이라고 전부터
말해두고 있었던 것은, 의문의 반답을 받으려고 기다린 것만은 아니
다. 의문의 반답만을 기다릴 생각이라면, 빠른 비각으로 주진하시면
3일에는 도성에 도착하기 마련이다. 반답의 도래일수도 또 그대로라
면 왕래는 6일만 있으면 [충분히] 해결되는 일일 것이다. 도성에서는
반답의 상담도

可有御座候得ハ広ク取十五日ニ者御返事承事ニ候故其通ニ日数可相極儀
ニ候得共疑問之書付朝廷方御覧被成候ハヽ必定御返簡御書改可被成与
存候左候ヘハ十五日之日数余慶可有之儀与存間延成日切仕申進候然
所訓導心入ニ付而此方存寄書付を以申達候之処雲泥相違成儀被仰聞兎
角者御相続之御心入無之与見極候然上者右三十日之日切ニ滞留

有る事であろうから[その御相談の日限を]広く取り十五日もあれば、
もう御返事を承る事になるであろう。それゆえ、その通りに日数を
決定することになる。だが疑問の書付を朝廷方が御覧に成れば、お
そらく御返簡を[今一度確認し]御書き改めに成られると[こちらは]
思った。もしそうであれば十五日の日数から、さらに余分に[日数を
取り]慶事の返答を期待し[今少し]間延べに成る日切れを設定し[都合
三十日とし]て置いた。そのような所に訓導の[韓僉知の]配慮があ
り、こちらの思う所を書付にして[文句増減の書付として、そちらへ]
申し伝えることにした。だが[こちらとそちらの双方の考え方には、
まさに]雲泥の違いがあった。その事を[今回、この文句増減の書付に
よって]聞き知らされてしまった。こうなっては[交渉を]引き続き行
い[妥結に向けて話し合う]という考え方は[そちらには]無いものと見
極めざるを得ない。そうであるならば、右の三十日の日切れまで[こ
ちらに]滞留する

있을 것이므로 [그 상담의 날짜를] 길게 잡아 15일 있으면, 충분히 반
답을 받을 수 있을 것이다. 그렇기 때문에, 그것에 따라 일정을 결정
하게 된다. 그러나 의문의 서부를 조정 측이 보시게 되면, 아마도 반

답을 [지금 다시 한 번 확인하고] 고쳐쓰게 될 것이라고 [이쪽은] 생각했다. 만일 그렇게 되면 15일의 일수에서, 다시 여분으로 [일수를 잡아] 경사의 반답을 기대하며 [조금 더] 기간을 늘리는 일자를 설정하여 [도합 30일로 해]두었다. 그러한 상황에서 훈도 [한첨지의] 배려로, 이쪽이 생각하는 것을 서부로 해서 [문구를 증멸하는 서부로 해서 그쪽에] 전하는 것으로 했다. 그러나 [이쪽과 그쪽 쌍방의 생각에는 그야말로] 운니의 차이가 있었다. 그 일을 [이번, 이 문구 증멸의 서부를 통해] 알아버리고 말았다. 이렇게 되면 [교섭을] 계속해서 [타결을 목적으로 하는 대화]라고 하는 사고가 [그쪽에는] 없는 것이라고 단정하지 않을 수 없다. 그렇다면 위의 30일의 마감날까지 [이쪽에] 체류할

可仕様無之候殊　刑部大輔殿未出航無之由ニ候間早々致帰国段々与申達
度候右之通ニ候ヘバ今日ニも可致乗船儀ニ候ヘ共若疑問之御返答有之儀
も可有御座哉与兼而之心底より者日限差延来十日ニ乗船ニ相極候此旨東
莱江申達候得共両判事江申聞候処助左衛門を以訓導返答申候ハ被仰聞候
趣承一々御尤存候去比東莱江被遣候御書付注進往来六日程ニ者可

理由は無い。殊に刑部大輔(宗義真)殿が[東武へ向けて]未だ出航に
至っていないので、その間に早々に帰国し、色々と御報告を致した
いと思っている。右の通りの事であるので、もう今日にも乗船を致
そうと考えた。だが疑問[四箇条の書簡に対する]御返答が[直ぐにも
到来するような事が]もしも有ればと、兼ねてからの心づもりもあり
[少しばかり]日限を差し延ばし、来たる十日に乗船することに決定し
た。この旨を東莱府使へ申し伝えて貰いたい。そのように両判事へ
申し渡した処[通詞の諸岡]助左衛門を以て、訓導が返答をして来た。
お話し下さった御趣旨は承りました。その一つ一つに付いて[なるほ
どと]御尤もに存じます。しかしながら、去る頃、東莱府使へ宛てて
遣わされた[疑問四箇条の]御書付に付いてですが[こちらの考えと
は、いささか異なっております。]その注進と往来とで六日程は

이유는 없다. 특히 교우부 다이유우(소우 요사자네) 님이 [동무를 향
해] 아직 출항하지 않았기 때문에, 그 사이에 서둘러 귀국하여, 여러
가지를 보고하고 싶다고 생각하고 있다. 위와 같은 일이므로, 오늘이
라도 승선하려고 생각했다. 그러나 의문 [4개조의 서간에 대한] 반답
이 [금방이라도 도착하는 것과 같은 일이] 혹시라도 있으면 이라고,

전부터 생각하는 것도 있어 [조금만] 날짜를 늦추어, 오는 10일에 승선하는 것으로 결정했었다. 이 뜻을 동래부사에게 전해주었으면 한다. 그렇게 양판사에게 말했더니 [통사 모로오카] 스케자에몬을 통해 훈도가 반답을 했다. 말씀하신 취지를 들었습니다. 그 하나하나가 [정말] 당연하다고 생각합니다. 그러나 지난번에 동래부사 앞으로 보내신 [의문 4개조의] 서부에 대한 일입니다만 [이쪽의 생각과는 약간 다릅니다.] 그 주진과 왕복을 6일 정도는

相達与被思召候由日本ニ而者左様可有御座候得共爰元之儀ニ御座候へ
ハ被思召候様ニ者無御座疑問之御書付之注進も片道ニ七日切候而為申
登候其上ニ大丘郡江も申遣し彼方よりも添状等被仕儀ニ御座候得者爰ニ
而も手間入都ニ而も五三日ニハ相談相極間敷候間未到来無御座候儀ハ
ケ様も可有之事与存候永々御滞留被成色々被仰詰候得共一として御
快茂無之右

掛かるとお考えになられておられますが、日本ではそうでございま
しょうが、こちらでは、そのようなお考えでは到達いたしません。
疑問の御書付の注進も片道に七日を切っては報告できません。その
上[途中の]大丘郡へも[立ち寄り、ここに在住なさる慶尚道監察使
に、このことの報告を]申し遣わさなくてはなりません。そして大丘
郡からの添状なども必要となりますので、ここにおいても手間が掛
かります。都でも五、三日つまり十五日という日限の内では相談は
決め難く、未だ到来の無いのも[当然のことで]ございます。永々と御
滞留に成られ、色々と交渉事を行って来られましたが、一つとして
御快い結果は無く、右

걸린다고 생각하시고 계십니다만, 일본에서는 그러할지 모르겠으나,
이쪽에서는, 그렇게는 도달하지 못합니다. 의문의 서부를 주진하는
일도 편도 7일 내에는 보고할 수 없습니다. 그 위에 [도중의] 대구군
에도 [들러, 이곳에 재주하시는 경상도 관찰사에게 이 일의 보고를]
말씀드리지 않으면 안 됩니다. 그리고 대구에서도 첨장하는 일 등도
필요하게 되기 때문에, 이곳에서도 시간이 걸립니다. 도성에도 5, 3일,

즉 15일이라는 일정 안에는 상담이 결정하기 어려워, 아직 도래가 없는 것도 [당연한 일]입니다. 오랫동안 체류하시며, 여러 가지를 교섭하여 오셨습니다만, 하나같이 상쾌한 결과가 없어, 위

作守轂服立日那偹家

東船疸家微短家將雪

泊不厳可如好右敖看齒來泰

下直由中竺

被仰聞趣御腹立二而日限御縮メ被成十日二御乗船御極被成候与之儀成
程御尤存候間御帰国被成可然存候右之趣委曲東莱江可申達由申聞候

のように申された趣旨とは、まことに御腹立から[出たものでござい
ましょう。それによって]日限を御縮めに成られたのでございましょ
う。そして十日に御乗船を御決定なさったとの事、成る程と御尤も
に存じます。この上は、御帰国に成られ[御国において]よろしく御報
告なさって下さい。右の趣旨を、委しく東莱府使へ申し伝えますと
[このように両判事は返答を]申してきた。

와 같이 말씀하신 취지는, 그야말로 화가 나서 [나온 것이겠죠. 그것
으로] 기한을 단축하셨겠지요. 그리고 10일의 승선을 결정하셨다는
것, 참으로 당연하다고 생각합니다. 이런 이상, 귀국하시어 [나라에]
잘 보고하여 주세요. 위의 취지를 자세히 동래부사에게 전하겠습니다
라고 [이렇게 양 판사는 반답을] 보내왔다.

〃両判事江重而対面候儀有之間敷候間返簡之上封仕候様ニ与申掛則返簡弐箱封進持出両判事前ニ差置く別差印判不持参候間訓導印判斗突可申由申ニ付先例者与問候時先例者両人突

〃両判事へ向け、もう再び対面する事は有るまいからと[館守に預け置く]返翰の上に、封をするよう申し掛けた。則ち返翰と弐箱の封進物とを持ち出し、両判事の前に差し置いた。すると別差は印判を持参していないので、訓導の印判ばかりを突くことになります。それでよろしいですかと申すので、先例はどうなっているのかと問うた処、先例は両人が突く

〃양 판사를 향해, 다시 대면하는 일은 없을 것이라며 [관수에게 맡겨둔] 반한에, 봉을 하라고 말했다. 즉시 반한과 두 상자의 봉진물을 꺼내어, 양 판사 앞에 놓았다. 그러자 별차는 인판을 지참하지 않았으므로, 훈도의 인판만 찍는 것으로 합니다. 그것으로 좋습니까라고 말하기 때문에, 선례는 어떻게 되어 있는가라고 물었을 때, 선례는 두 사람이 찍는

申筈ニ候得共近年者訓導斗も突候儀有之由申ニ付各別成御返簡ニ候得ハ
少も先例ニ不違様ニ可仕旨申渡し則坂之下江取ニ遣し則時来候上封別差
包候而書付も同人相認候上ニ別差印判壱中下訓導印判合三突之

筈ですが、近年は訓導ばかりが突く事もございます。そのように申
すので[この度は]各別な御返翰であるので、少しも先例に違わぬ様に
行うべきであると[彼らに]申し渡した。そこで坂之下へ[印判を]取り
に遣わし、やがて[印判を持参して]戻って来た。上封を別差が包み
[その封の]書付も同人がしたためた。その上封に別差が印判を中と下
とに一つずつ突き、また訓導も印判[を、その上に一つ突き]合せ、こ
れを三突の印影として[封印を]行った。

것입니다만, 근년은 훈도만 찍는 일도 있습니다. 그렇게 말하자 [이번
은] 각별한 반한이기 때문에, 조금도 선례와 다르지 않도록 행해야
한다고 [그들에게] 말했다. 그래서 사카노시타에 [판인]을 가지러 보
내, 결국 [인판을 지참하고] 돌아왔다. 상봉을 별차가 싸고 [그 봉한]
서부도 동인이 기록했다. 그 상봉에 별차가 인판을 가운데와 아래에
하나씩 찍고, 또 훈도도 인판[을 그 위에 하나 찍어] 맞추어, 이것을
3돌의 인영으로 해서 [봉인을] 했다.

(35-02)

〃同月四日訓導別差入館裁判方へ罷出東莱より之口上申聞候ハ頃
　日参判使より被仰聞候趣承届候日切之日限御縮〆

(35-02)

〃同月(六月)四日、訓導と別差とが入館し、裁判方へ罷り出て、東
　莱府使からの口上を申し伝えた。先日、参判使からお話しの
　あった御趣旨について承りました。日切の日限を御縮めに

(35-02)

〃동월(6월) 4일에 훈도와 별차가 입관하여 재판 측에 나가, 동래
　부사의 구상서를 전했다. 지난날에 참판사가 이야기했던 취지에
　대해서 들었습니다. 정한 기한을 단축하

被成来ル十日御乗船ニ御極被成候由御残多存候永々御滞留被成候得共

不首尾ニ而御帰被成候段御相手ニ罷成候東莱迄迷惑致難儀候此程申入

候様ニ先頃被仰聞候御書付前跡御除被成候而被遣候へ今一応注進仕若

冝儀も御座候而ハ御使者御帰国之首尾冝御座候へハ両国も首尾能儀ニ

御座候此段御聞届被成御書付被遣御帰国今少御待被成候様ニ与

成られ、来たる十日に御乗船に決定なされた由、お名残惜しく存じます。永々と御滞留に成られたのですが不首尾[という結果に至り]御帰国に成られるという事は、その相手であった東莱府使にとっても[また不首尾という]迷惑な次第であり、難儀に思っているところです。この程、申し入れて置いた様に、先頃お話し下さった[文句増減の]御書付に就いてですが、その前後を御除きに成られ[その修正したものを、こちらへ]お遣わし下さい。今一度[都へ]注進しようと思います。それで、もし宜しい結果が得られれば、御使者の御帰国の首尾も宜しいと言う事になり[東莱府使にとっても首尾宜しいと言う事になり]ます。さらに言えば、両国の首尾も宜しいという事になります。この事を御聞き届けに成られ、御書付を[こちらへ]お遣わし頂き、御帰国を今少し御待ちに成られる様に[お願い致します]と、

(단축하)시어 오는 10일에 승선하기로 결정하신 것, 섭섭하게 생각합니다. 오랫동안 체류하셨는데 좋지 않다[고 하는 결과에 이르러서] 귀국하신다고 하는 것은, 그 상대였던 동래부사로서도 [역시 좋지 않았다고 하는] 어려운 일로, 곤란하게 생각하고 있는 바입니다. 이번에 요구해 두었던 것처럼, 지난번에 말씀해 주신 [문구 증멸의] 서부에 대한

것입니다만, 그 전후를 삭제하시어 [그 수정한 것을 이쪽에] 보내주세요. 다시 한 번 [도성에] 주진하려고 생각합니다. 그것으로 좋은 결과를 얻으면, 사자가 귀국하는 입장도 좋다고 할 수 있는 일이 되어, [동래부사에게도 입장이 좋다고 할 수 있는 것이 됩]니다. 더 말하자면 양국의 입장도 좋게 되는 것입니다. 이 일을 들으시고, 서부를 [이쪽으로] 보내주시고, 귀국을 조금 기다려 주실 것을 [원합니다]라고,

東莱より之口上之趣申聞候付八右衛門致返答候ハ被仰聞候趣承届候
此段正官使^江申達^二不及候一々心入有之而日切を縮十日^二乗船被相極候
上ハ如何様之儀有之而も乗船被相延候儀無之事^二候乍然御相談之趣御
注進被成曾而違変有之間敷与東莱慥成思召寄有之候者被仰聞候通不
首尾^二而被致帰国候儀使者不首尾之帰国者小事^二而両国大事^二存候御返
簡

このような東莱府使からの口上の趣旨を[両判事が]申し伝えて来た。
それを聞いて八右衛門は次のように返答した。お話し下さった御趣
旨は承った。この事は正官へ申し伝えるには及ばぬ事である。[正官
には、その]一つ一つに考えが有り、それゆえ日切を縮め、六月十日
に乗船をと決定なさった。この上は、どのような事が有っても、乗
船を繰り延べなさるような事は無い。然しながら御相談の趣旨を[都
へ]御注進に成られ[それに沿って返簡が下り、その内容も]おおよそ
違背の有る筈は無いと、東莱府使は確かに、そのように[交渉の決着
を]思っておられた。だが[現実は東莱府使が、その後]お話し下さっ
た通り[この度は]不首尾[の結果]に至っている。それゆえ[正官は]帰
国を致すのである。使者の不首尾による帰国は小事であるが、両国
にとって、これは大事に至る[由々しき]事態である。御返翰が

이러한 동래부사가 보낸 구상의 취지를 [양 판사가] 전해 왔다. 그것
을 들은 하치에몬은 다음처럼 답했다. 이야기해 주신 취지를 들었다.
이 일은 정관에 전할 수는 없는 일이다. [정관에게는 그] 하나하나에
생각이 있고, 그래서 기한을 당겨 6월 10일에 승선할 것을 정하셨다.

이 이상은, 어떠한 일이 있어도 승선을 연기하는 것과 같은 일은 없
다. 그러나 상담의 취지를 [도성에] 주진하시어 [그것에 따른 반한이
내려오고, 그 내용도] 대개 위배하지 않을 것이라고, 동래부사는 분명
히, 그렇게 [교섭의 결착을] 생각하고 계셨다. 그러나 [현실은 동래부
사가, 그 후에] 말씀하신 대로 [이번에는] 좋지 않은 [결과에] 이르렀
다. 그렇기 때문에 [정관은] 귀국하는 것이다. 사자의 잘못에 의한 귀
국은 작은 일이지만, 양국에게, 이것은 큰일에 이르는 [중대한] 사태
이다. 반한이

被書改候ハ、無其上事ニ候間書物差越注進被成候ハ、毛頭違変有之間
敷候相談之通必定可被書改旨正官使ㇾ東莱より書簡被遣候ハ、爰ハ裁
判書役ニ差当りたる事ニ候間何とそ帰国被相延候様取あつかひ見可申
候乍然東莱御了簡可有之候刑部大輔殿より急度致帰国候へと被申付
候得共疑問御返答可被聞ため三十日之日切を極

書き改められたならば、この上も無く[宜しい]事であるが[果たして
そうなるかどうか、いささか疑わしい。もしも]こちらが書いた物を
[東莱まで]差し送り、それを[そのまま]注進なさったならば、毛頭、
違背であるなどと[こちらが]言うわけは無い。相談の通りに必ず書き
改められると、そのような趣旨を東莱府使から正官に宛て、書簡を
以て申し遣わすならば、その書簡は、この裁判書役に[まず]差し当
たって来る。そうなれば、何とぞ帰国を繰り延べられます様にと[正
官へ]お取り継ぎを致す所存である。然しながら東莱府使の御考えは
[果たして]そのような事であろうか。刑部大輔(宗義真)殿から[正官
は]必ず帰国するようにと[すでに固く]申し付けられている。だが疑
問の御返答をお聞きするため[その命に反し]三十日の日切を設定し

개서되었다면, 이 이상 없이 [좋은] 일이나 [과연 그렇게 될지 어떨지,
약간 의심스럽다. 혹시라도] 이쪽이 쓴 것을 [동래까지] 보내, 그것을
[그대로] 주진하셨다면, 조금도, 위배라는 등 [이쪽이] 말할 리 없다.
상담한 대로 반드시 개서되면, 그 같은 취지를 동래부사가 정관 앞으
로, 서간으로 말을 전해주면, 그 서간은, 이 재판역에게 [먼저] 오게
된다. 그렇게 되면, 제발 귀국을 연기하도록 하시라고 [정관에게] 주

선할 생각이다. 그러나 동래부사의 생각은 [과연] 그러한 것일까. 교우부 다이유우(소우 요시자네)님이 [정관은] 반드시 귀국하도록 하라고 [이미 강하게] 명했다. 그러나 의문의 반답을 듣기 위해 [그 명에 반하며] 30일의 한계를 설정하고,

被致滞留最早日数も差詰り候上東莱之依仰出船被相延御注進之御返
答致相違候時者決而帰国難成儀ニ候其上者都迄も被通不被乞請候而者
不罷成首尾にて候此段至而大切千万成儀ニ御座候間能御了簡被成候様
ニ与申達候へハ仰御尤ニ候然共書簡可遺与ハ被申間敷候哉我々両人ニ東
莱之十人之内より相添差越与申候而ハ慥成儀ニ候由挨拶申候時

[なおも]滞留を続けておられる。最早、日数も差し詰っていて[どう
にもならない。]その上で、東莱府使の仰せに依り[万一]出船を繰り
延べた場合、御注進の御返答が[予想に反し]相違すれば、もう決して
[正官は]帰国できない。そうなれば[正官は]都までも通い、返簡を[何
としても]乞い請けなければ成らなくなる。そのような事態に立ち至
れば[極めて]大切千万な事が沸き起こって来る。この事はよく御考え
に成って頂きたい。このように申し伝えた処、おっしゃることは御
尤もに存じます。然しながら[正官殿にお尋ねすれば、あるいは前後
を除いた]書簡を[この際]遺わしてもよいと[そのようには]申され無い
でしょうか。我々両人に東莱の十人[を加えた人員の]内から[いずれ
かを]相添え[都へと]報告に登らせます。そのように申して、確かな
事である旨の挨拶をするので、その時

[아직도] 체류를 계속하고 계신다. 이미 일시도 다가와서 [어떻게 할
수 없다.] 그 위에 동래부사의 명으로 [만일] 출선을 연기했을 경우,
주진의 반답이 [예상과 반해서] 다르면, 이미 [정관은] 결코 귀국할
수 없다. 그렇게 되면 [정관은] 도성까지 오가며, 반한을 [어떻게 해서
라도] 간청하지 않으면 안 되게 된다. 그와 같은 사태에 이르면 [아주]

위험하기 짝이 없는 일이 일어나게 된다. 이 일은 잘 생각하여 주었으면 한다. 이렇게 전했더니, 말씀하시는 것이 당연하다고 생각합니다. 그러나 [정관님에게 물으시면, 어쩌면 전후를 삭제한] 서간을 [이참에] 보내도 좋다고 [그렇게는] 말씀하시지 않을까요. 우리 두 사람에게 동래 10인[을 더한 인원] 중에서 [누군가를] 딸려서 [도성에] 보고하라고 올려 보냅니다. 그렇게 말하고, 분명한 내용의 교섭을 하기 때문에, 그때

中々左様ニ後日証拠ニ難成儀ニ而ハ取次も不罷成候間右之趣委細ニ申達
東莱御合点ニ候ハ、何とそ取あつかひ見可申由八右衛門申渡候時具ニ
承り候従是直ニ東莱江罷越一々可申達候是ニ而東莱心底相知事候間返答
之儀追而御返事可申入候間正官使江被仰入候儀御扣被成候様ニ与申候
而帰候

[こちらから]中々そのように言っても、それは後日の証拠に成り難い
事である。そのような程度では[正官に]取り次ぐことはできない。右
の趣旨を委細に東莱府使へお伝えし、もし[確かな事であるという趣
旨の書簡をお出し頂けるなら、そのような事に]御合点を頂けるな
ら、何とか取り次ぎを考えて見ると[そのように]八右衛門が[両判事
に]申し伝えた。すると具に承りました。これから直ちに東莱府へ罷
り越し、この一つ一つを[東莱府使へ]申し伝えることにいたします。
これによって東莱府使の[解決を願う]心底を[こちらの皆様は]お知り
になる事でございましょう。それゆえ返答の事は、また追って御返
事を差し上げます。正官殿へお話し下さる事は[その返事を待つ間、
今暫く]御控えに成って頂くよう、お願い致します。このように言っ
て帰って行った。

[이쪽에서] 어렵게 그렇게 말해도, 그것은 후일의 증거가 되기 어려운
일이다. 그러한 정도로는 [정관에게] 주선할 수 없다. 위의 취지를 자
세히 동래부사에게 전하여, 만일 [분명한 일이라고 하는 취지의 서간
을 보내준다면, 그러한 일에] 납득해준다면, 어떻게 주선을 생각해 본
다고 [그렇게] 하치에몬이 [양판사에게] 말을 전했다. 그러자 자세히

알았습니다. 지금부터 즉시 동래부에 가서, 일을 일일이 [동래부사에게] 전하는 것으로 하겠습니다. 이것으로 동래부사가 [해결을 원하는] 마음을 [이쪽의 모든 사람은] 알게 되는 일이 되겠지요. 그렇기 때문에 반답의 건은, 곧바로 답을 올리겠습니다. 정관님에게 말씀해주실 것은 [이 답을 기다리는 동안, 잠시] 기다려 주실 것을 원합니다. 이렇게 말하고 돌아갔다.

(35-03)

〃同月五日訓導別差入館裁判方〔江〕罷出東莱返答申聞候ハ返答被仰聞
候趣御尤〔ニ〕候得共昨日申進候通御使者御出船之日限御縮来ル十日
御乗船候由被仰聞候永々御滞留〔ニ〕而候得共御用向不相済不首尾〔ニ〕
而御帰国笑止〔ニ〕存候故此程之御書付前後御除御書付被下候ハ丶注
進をも仕若冝返簡も有之候ハ丶冝儀与

(35-03)

〃同月(六月)五日、訓導と別差とが入館し、裁判方へ罷り出で、東
莱府使の返答を[次のように]申し伝えて来た。御返答をお聞かせ
頂いた。その御趣旨については御尤もと思うところである。だ
が昨日も[両判事から]申し進めた通り[今一度の御検討をお願い
する。]御使者が出船の日限をお縮めになり、来たる十日に御乗
船になられるとの事を[今回]お聞かせ頂いた。永々の御滞留にも
関わらず、御用向きは決着に到らず、不首尾のままに御帰国と
なった事は、まことに気の毒に思う次第である。それゆえ今度
の御書付において、前後を御除きになった御書付を[こちらに]
送って頂きたい。[それを都へ]注進したいと思うからである。も
しも冝しい返簡が罷り下れば、それは[正官殿にも拙者にも、そ
して両国にとっても]冝しい事である。

(35-03)

〃동월(6월) 5일에 훈도와 별차가 입관하여 재판 측에 나가 동래부
사의 반답을 [다음처럼] 전해 왔다. 반답을 전해 들었다. 그 취지

에 대해서는 당연하다고 생각하는 바이다. 그러나 어제도 [양 판사가] 말한 대로 [지금 다시 검토할 것을 원한다.] 사자의 출선의 일정을 단축하시어 오는 10일에 승선하신다고 하는 것을 [이번에] 들었습니다. 오랫동안 체류하였음에도 불구하고 용건은 결착되지 않아, 미진한 채로 귀국하게 된 것은 참으로 불쌍하게 생각하는 바이다. 그렇기 때문에 이번의 서부에서, 전후를 삭제한 서부를 [이쪽에] 보내주었으면 한다. [그것을 도성에] 주진하고 싶다고 생각하기 때문이다. 혹시라도 좋은 반한이 내려오면, 그것은 [정관에게도 졸자에게도, 그리고 양국에게도] 좋은 일이다.

存申入候書簡を以申入候儀者此方より御相談申候而書付掛御目候首
尾ニ候ハヽ、左様可仕事も可有之候得共其元より之御書付是非被遣候へ
与望候而違変有之間敷与慥成書簡東莱より可遣事ニ候哉御了簡ニ可有
御座儀ニ候首尾宜様ニ与存候東莱心入者両判事江遣候伝令有之候書簡を
以申達候儀者難成

それゆえこのような申し入れを行うのである。ただ書簡を以て[こち
らから]申し入れる事は、こちらから御相談を申し掛けて[修正となる
返翰の要求を、こちらにする形となり、いかにもおかしな道理の]書
付を、御目に掛ける首尾となる。そのように行う事も[稀には]有る事
であるが[やはり変則である。だから]そちらから御書付を是非[こちら
に]お遣わし頂きたいと、このような要望を[裁判方へ伝えて来た。だ
が前後を除いた文句増減の書付を、こちらから送るにしても、その内
容を曲げたり、あるいは]違背したりするような事は無いと、そのよ
うな確かな[しるしとなる]書簡を東莱府使の方から[先ずは、こちら
へ]送って来るべきであろう。[そうでなければ、送るわけにはいかな
い。こちらは]そのような考えに立つべきである。[確かに]首尾宜しい
様にと願う東莱府使の心遣いがあり[そのような思いから、これは]両
判事を以て差し遣わした[こちらに向けての精一杯の]伝令であろう。
だがそのような書簡を以て[こちらに]申し達しをする事も[それだけの
ことで、都においては今や修正など]成り難い事である。

그래서 이와 같은 요구를 하는 것이다. 다만 서간으로 [이쪽에서] 요
구하는 일은, 이쪽에서 상담을 요구하여 [수정한 반한의 요구를], 이

쪽에 하는 형식이 되어, 너무나 이상한 도리의] 서부를 보는 상황이
된다. 그렇게 하는 일도 [드물게는] 있는 일이나 [역시 변칙이다. 그러
므로] 그쪽에서 서부를 필히 [이쪽에] 보내주었으면 한다고, 이와 같
은 요망을 [재판 측에 전해 왔다. 그러나 전후를 삭제한 문구 증멸의
서부를, 이쪽에서 보낸다 해도, 그 내용을 왜곡하거나, 혹은] 위배하
거나 하는 것과 같은 일은 없다고, 그와 같은 확실한 [증거가 되는]
서간을 동래부사 쪽에서 [먼저 이쪽으로] 보내야 할 것이다. [그렇지
않으면 보낼 수는 없는 일이다. 이쪽은] 그와 같은 생각을 해야 한다.
[분명히] 상황이 좋도록 하려고 원하는 동래부사의 심려가 있어 [그
러한 생각에서, 이것은] 양 판사를 통해 전달한 [이쪽에게 하는 최대
한의] 전령일 것이다. 그러나 그러한 서간으로 [이쪽에] 연락하는 것
도 [그것뿐으로, 도성에서는 이미 수정 따위를] 하기 어려운 일이다.

儀ニ候間左様御心得被成候様ニ与申来候付其上者御相談可申様無之事ニ
候両判事ハ不及申東莱ニも御使者出船之儀十日ニ相極メ候得共左様ニ而
者有之間敷候又此上何そ此方より申達候儀も可有之哉なと、被疑候
儀も可有之候此段曾而毛頭無相違事ニ候間東莱江能申達候へと裁判返
答申両判事帰候

[この段階では、もう]そのように御考えに成って頂きたいと[実際に
は]そのように伝えるものであろう。こうなっては[東莱府使と]相談
する様な事は[もはや]何も無い。両判事は言うに及ばず東莱府使に
も、御使者の出船の事は[確実な事と、そのように伝わらなくてはな
らない。それは]十日に決定したが、そうであれば[もう延引など]
有ってはならない事である。又この上に[延引を許せば]何ぞこちらか
ら[さらに譲歩を]申し出る事も有ろうなどと[あちらから]疑われてし
まう。この出船の事は、もとより全て相違無いことであり、これを
東莱府使へよく伝えて置いて欲しい。そのように裁判は返答を申し
伝え、両判事は帰って行った。

[이 단계에서는 이미] 그렇게 생각하여 주셨으면 한다고 [실제로는]
그렇게 전하는 것일 것이다. 이렇게 되면 [동래부사와] 상담하는 것과
같은 일은 [이미] 아무것도 없다. 양 판사는 말할 것도 없이 동래부사
에게도, 사자가 출선하는 것은 [확실한 일이라고, 그렇게 전하지 않으
면 안 된다. 그것은] 10일로 결정했으나, 그렇기 때문에 [이미 연기 등
은] 있을 수 없는 일이다. 또 이 이상 [연기를 허가하면] 무언가 이쪽
에서 [다시 양보를] 말하는 일도 있을 것이다라는 식으로 [저쪽에서]

의심하고 만다. 이 출선은, 처음부터 틀림 없는 일이므로, 이것을 동
래부사에게 잘 전해 두었으면 한다. 그렇게 재판은 반답을 전하고, 양
판사는 돌아갔다.

(35-04)

〃同月七日訓導病気ニ付通詞諸岡助左衛門儀坂ノ下^江差越申遣候ハ
疑問之返答敏到来可在之日積リニ候所今日迄其儀無之候若ハ東莱
ニ而扣被申候事与存候旨申達させ

(35-04)

〃同月(六月)七日、訓導[の韓僉知]が病気になり[動けなくなったの
で、こちらから]通詞の諸岡助左衛門が坂之下へ出向き、申し伝
える事があった。[すなわち]疑問[四箇条に対する]返答が敏速に
到来すると、そのような日積りであった。だが今日迄に、その
ような到来の事実は無い。あるいは東莱府にて手控えをなさ
り、留め置いているのではないかと、そのようにも思い、その
旨を申し伝えさせて

(35-04)

〃동월(6월) 7일에 훈도 [한첨지]가 병에 걸려 [움직이지 못하게 되
었기 때문에, 이쪽에서] 통사 모로오카 스케자에몬이 사카노시
타에 가서 전하는 말이 있었다. [즉] 의문 [4개조에 대한] 반답이
민속하게 도래한다고 하는, 그와 같은 예정일이었다. 그러나 오
늘까지, 그처럼 도래하는 사실은 없다. 혹시 동래부에서 보류하
여, 받아두고 있는 것은 아닌가라고, 그렇게도 생각하고, 그 내용
을 말로 전하게 해

候所返答ニ申聞候ハ被仰聞候趣御尤ニ候乍然返答参候を東莱ニ而可被扣
様曾而無御座事ニ候疑問之様子六ヶ敷事ニ御座候間俄難埒明夫故致延引
候与致推量候返答参候ヘハ油断無之儀ニ御座候得共被仰趣則別差金判
事申付東莱江差越候間帰次第東莱之御返答可申入候訓導儀者病気ニ付
別差遣し候由返事之趣助左衛門来り申聞

頂くことにした。このように言うと[あちらから]返答があり、お話し
下さった御趣旨は、尤もに思う次第である。然しながら返答が参っ
て来たのを東莱府に於いて留め置き、手元に控え置くような事は断
じて無い。疑問[四箇条に対する返答が、遅延]の様子とは[その返答
が]困難である事が原因であろう。すぐには返答が出来かねて、それ
ゆえ延引になっていると推量する。返答が参ったならば、油断無く
[待ち構えているので、直ぐにお届けする]手筈になっている。しかし
お話し下さった御趣旨については、早速、別差の金判事に申し付
け、東莱府へ差し遣わし[回答到来の有無を確認したいと思う。そう
して金判事が]帰り次第、東莱府使からの御返答を[そちらに]申し入
れようと思う。[そのように訓導が語ってきた。すなわち]訓導は病気
であったので、別差を[東莱府に]遣すとのことである。そのような返
事の趣旨を助左衛門が戻って来て[こちらに]伝えた。

주는 것으로 했다. 이렇게 말하자 [저쪽에서] 반답하여, 말씀하신 취
지는 당연하다고 생각하는 바이다. 그러나 반답이 온 것은 동래부에
놓아두고, 우리의 곳에 남겨두는 것과 같은 일은 결코 없다. 의문 [4
개조에 대한 반답이, 지연되는] 것 같다는 것은 [그 반답이] 곤란하다

는 것이 원인일 것이다. 바로는 반답하기 어려워서, 그래서 연기되고 있는 것으로 추량한다. 반답이 왔다면 유단 없이 [기다리고 있으므로, 바로 전달해] 주게 되어 있다. 그러나 말씀하신 취지에 대해서는 서둘러 차사 김판사에게 명하여, 동래부에 보내 [회답 도래의 유무를 확인하고 싶다고 생각한다. 그렇게 하여 김판사가] 돌아오는 대로, 동래부사의 반답을 [그쪽에] 전하려고 생각한다. [그렇게 훈도가 말해 왔다. 즉] 훈도는 병이기 때문에, 별차를 [동래부에] 보낸다는 것이다. 그러한 반답의 취지를 스케자에몬이 돌아와서 [이쪽에] 전했다.

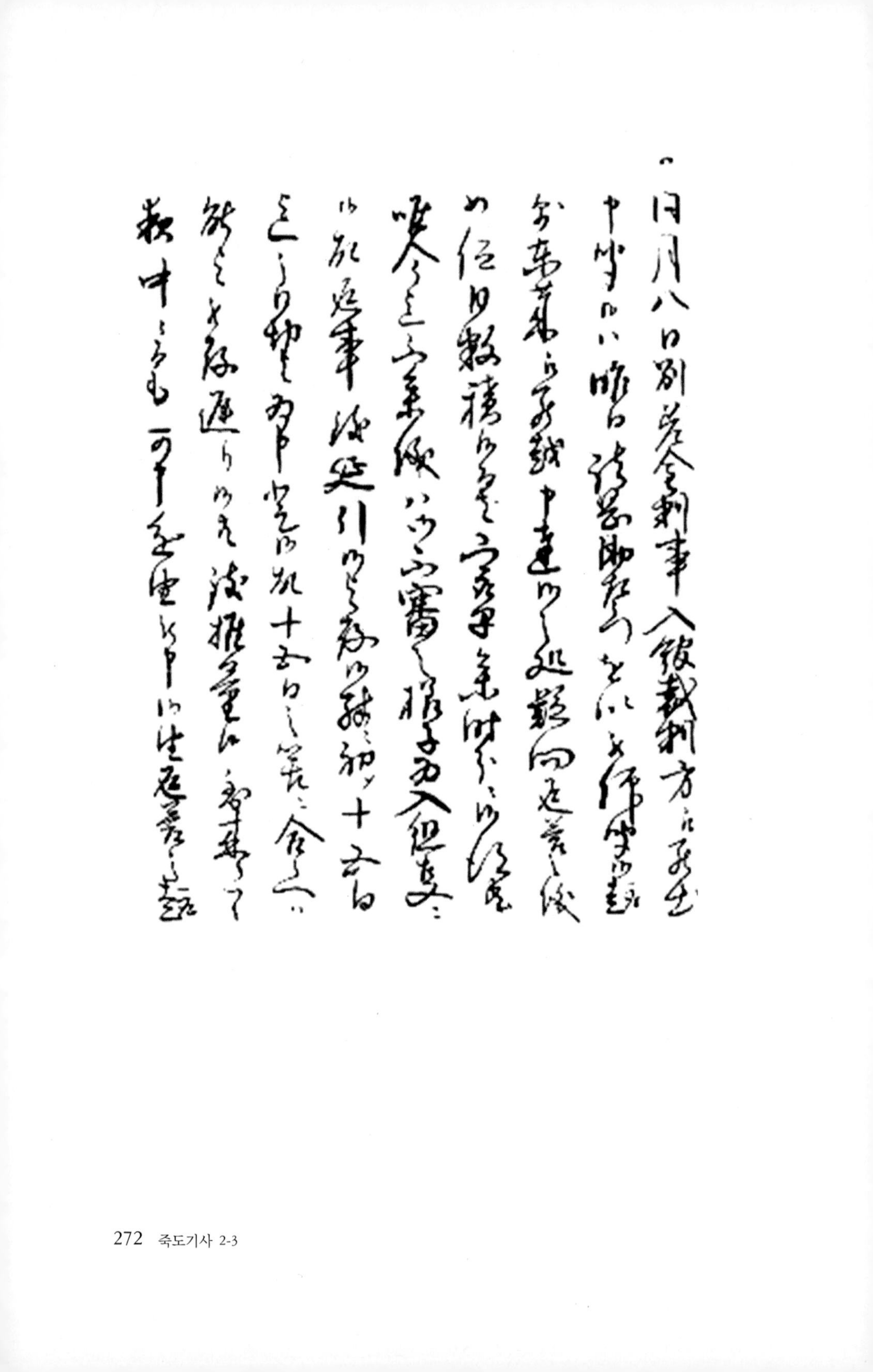

(35-05)

〃同月八日別差金判事入館裁判方〈江〉罷出申聞候ハ昨日諸岡助左衛門
を以被仰聞候趣則東莱〈江〉罷越申達候之処疑問返答之儀如仰日数積
候而者最早参時分〈ニ〉候得共唯今迄不参儀ハ御不審之様子為入組事
〈ニ〉候故返事致延引候与存候殊〈ニ〉初メ十五日迄之日切与為申登候故
十五日之筈〈ニ〉合候ヘハ能与被存遅り候共致推量候到来候ハヽ夜中
〈ニ〉而も可申進由被申候由返答之趣

(35-05)

〃同月(六月)八日、別差の金判事が入館して来た。裁判方へ罷り出
て申し伝えた事は[次のような事である。]昨日、諸岡助左衛門が
[坂之下までやって来て]お話し下さった御趣旨について[申し上
げる。]すなわち東莱へ罷り越し、返簡について、どうであるか
と申し伝えた処、疑問[四箇条に対する]返答の事については、仰
せの如く日数を積み重ねて来ているので、もうそろそろ参る時
分であるという。しかし唯今迄参らぬ事は御不審の様子であ
る。[疑問四箇条の内容が]入り組んでおり[その混乱の中で、返
答に苦慮しての]事ではなかろうか。それゆえ返事が延引になっ
ていると思われる。殊に初め十五日迄の日切と言って[都に]報告
を上げているので、十五日の予定に合えばよいと思われ[今もっ
て]遅れているのではないかと、そのようにも推量していた。と
もあれ到来となったならば[この回答の書簡を]夜中でも持参する
つもりである。このように申し伝えて来た。そのような返答の
趣旨を

(35-05)

〃 동월(6월) 8일에 별차 김판사가 입관했다. 재판 측에 나가서 전한 것은 [다음과 같은 일이다.] 어제 모로오카 스케자에몬이 [사카노시타까지 와서] 말씀하신 취지에 대해 [말씀드립니다.] 즉 동래에 넘어가서, 반한에 대해, 어떠한가라고 말하였더니, 의문 [4개조에 대한] 반답에 대해서는, 말씀하신 대로 날짜가 많이 지나고 있기 때문에, 이미 슬슬 올 시기라고 한다. 그러나 지금까지 오지 않는 이유는 잘 알지 못하는 것 같다. [의문 4개조의 내용이] 뒤얽혀 [그 혼란 속에서 반답에 고생하고 있는] 것은 아닐까. 그래서 반답이 늦어지고 있는 것이라고 생각한다. 특히 처음에 15일까지라고 기한을 정하여 [도성에] 보고를 올렸기 때문에, 15일 예정에 맞추면 된다고 생각하여 [지금까지] 늦어지고 있는 것은 아닐까라고, 그렇게도 추량하고 있었다. 어쨌든 도래했다면 [이 회답의 서간을] 밤중이라도 지참할 예정이다. 이렇게 전해왔다. 그와 같은 반답의 취지를

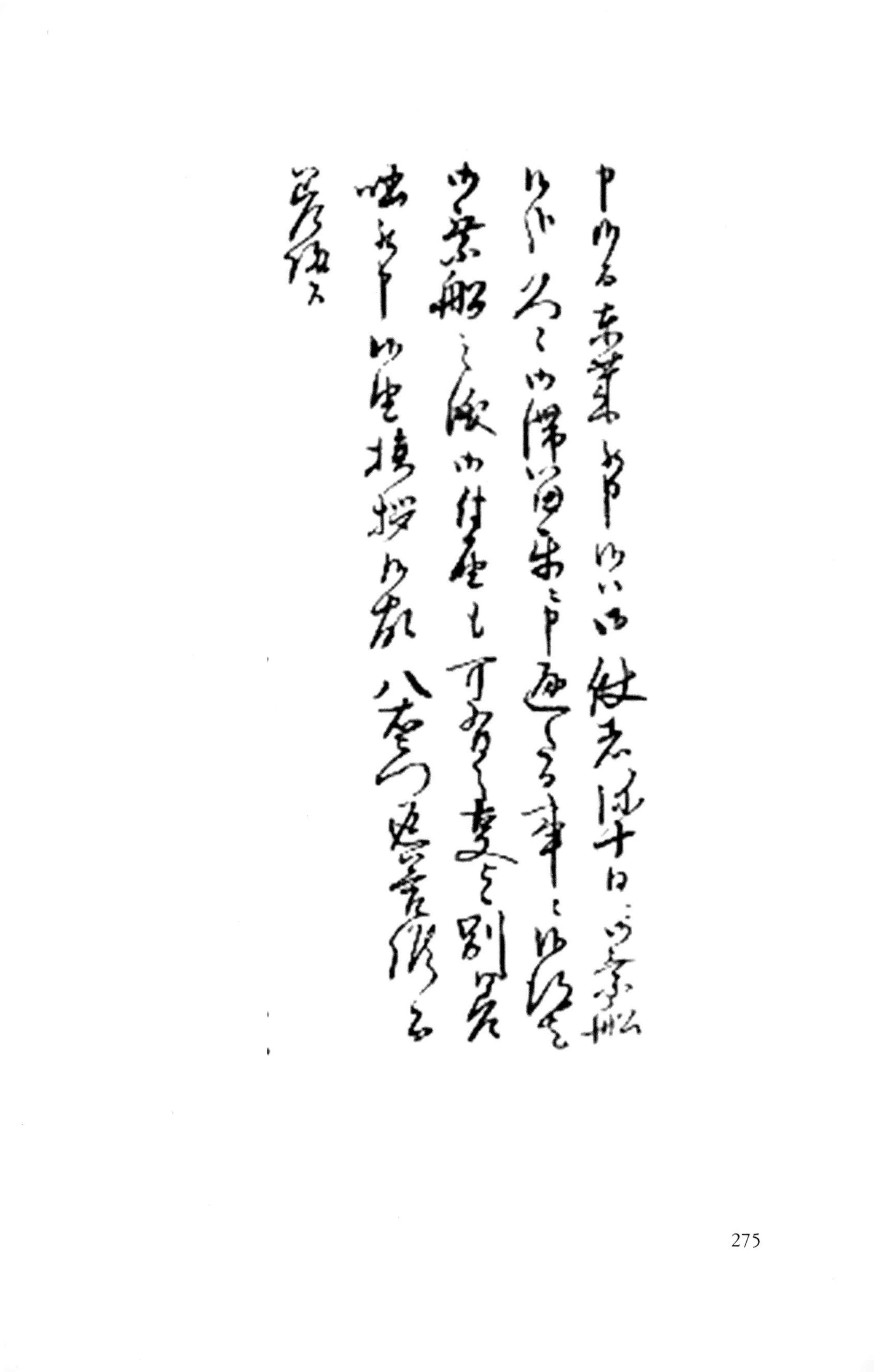

申候而東莱被申候ハ御使者弥十日ニ御乗船候哉久々御滞留互ニ申通た
る事ニ候得者御乗船之儀御付届も可有之事与別差ニ咄被申候由挨拶候
故八右衛門返答候而差帰ス

伝え[併せて]東莱府使の伝言をも[こちらに]申し伝えて来た。すなわ
ち、御使者は、いよいよ十日に御乗船に成られる。久しく御滞留にな
り、お互い話し合い、心を通わせ合う[親しい間柄になったと、その
ような別れの言葉を伝えて来た。]だが[この時、この別差は]御乗船に
あっては[東莱府使から餞別などの]御付け届けも有る事でございま
しょうと話していたという。そのような[いらざる]挨拶があったの
で、八右衛門が[適当に]返答して[この別差を]差し帰してしまった。

전하고 [같이] 동래부사의 전언도 [이쪽에] 전해 왔다. 즉 사자는 결
국 10일에 승선하신다. 오랫동안 체류하시며, 서로 이야기하여, 마음
을 통하던 [친한 사이가 되었다고, 그와 같은 이별의 말을 전해 왔다.]
그러나 [이때, 이 별차는] 승선하시게 되면 [동래부사가 보내는 전별
등을] 보내는 일도 있어야 하겠지요라고, 이야기하고 있었다 한다. 그
와 같은 [필요 없는] 인사가 있었기 때문에, 하치에몬이 [적당히] 반
답하여 [이 별차를] 돌려보내고 말았다.

(35-06)

〃同月十日与左衛門請取置候返簡両訳封之侭館守江渡置与左衛門方
より東莱江遣候短簡一通相認館守裁判江渡置与左衛門帰国以後東
莱江相達候様ニ与申置与左衛門一行上船仕候

(35-06)

〃同月(六月)十日、与左衛門は、請け取っていた返翰を、両訳によ
る封のまま館守へ渡し置いた。与左衛門から東莱府使へ遣わす
ための短簡一通を、ここでしたため、これを、また館守裁判へ
渡し置いた。与左衛門が帰国して以後、東莱府使へ渡すように
と、そのように申し置きをして与左衛門一行は上船した。

(35-06)

〃동월(6월) 10일에 요자에몬은 청취했던 반한을, 양역에게 봉하게
해서 관수에게 전해두었다. 요자에몬이 동래부사에게 보내는 단
간 1통을, 여기서 기록하여, 이것을 다시 관수 재판에게 건넸다.
요자에몬이 귀국한 이후, 동래부사에 건네도록 하라고, 그렇게
말을 남기고 요자에몬 일행은 상선했다.

(35-07)

〃右与左衛門より東莱江遺候短簡左ニ記之

(35-07)

〃右の与左衛門から東莱府使へ遺わした短簡を左に記す。

(35-07)

〃위의 요자에몬이 동래부사에게 보낸 단간을 아래에 기록한다.

去年所受、

四答書中有可疑之辭、愕然、再度書契不為

四答書

貴國之意有未可窺知者於只請再度

答書、而既受之

答書不為疑問而五月十一日載刑平成常越海人知館

傳刑部君令某、歸州之命某同以为

去年所レ受ル

回答ノ書中有リ二可キノレ疑フ之辞意一然トモ再度ノ書契不ルトキハレ為サ二

回答ヲ一則

貴国ノ之意有リト未ルレ可ラ二窮メ知ル一者ノ上故ニ只請テ二再度

答書ヲ一而既ニ受ルノ之

答書不レ為サレ疑問ヲ而五月十一日裁判平ノ成常越ヘテレ海ヲ入リレ和館ニ

伝フレ乙刑部君令シテ セシム下レ某ヲ帰ラ上レ州ニ之命ヲ甲某因テ以為ク

〔真文〕

去年所受回答書中有可疑之辞意然再度書契不為回答則貴国之意有
未可窮知者故只請再度答書而既受之答書不為疑問而五月十一日裁判
平成常越海入和館伝刑部君令某帰州之命某因以為

〔読み下し文〕

　去年、受くる所の回答の書中、疑う可きの辞意有り。然れども再
度の書契、回答を為さざる時は、則ち貴国の意、未だ窮め知るべか
らざる者有り。故に只再度答書を請いて、既に受くるの答書、疑問
を為さずして、五月十一日裁判平成常、海を越えて和館に入り、刑
部君令して某を州に帰らせしむの命を伝う。某、因りて以為、

〔現代語訳〕

　去年(元禄七年)受け取った回答の書中には、疑問とする文言が有っ
た。然しながら、再度[今年に受け取った]書契は、回答をしないだけ
ではなく、貴国の意向さえも未だ窮め知る事ができないものであっ

た。それゆえ只、再度の答書を請う事になった。既に受け取った答
書は、こちらの疑問に答えるものではなかったからである。[そのよ
うな中で]五月十一日、裁判の平成常(高勢八右衛門)が海を越え、和
館に入ってきた。刑部君(宗義真)の命令を伝える[使いである。]拙者
を対州に戻す命令を伝えて来た。拙者は、この御命令の事を、よく
考えて見た。

거년(겐로쿠 7년)에 수취했던 회답서 중에는 의문이 드는 문언이
있었다. 그리고, 다시 [금년에 수취했던] 서계는 회답을 하지 않을 뿐
만 아니라, 귀국의 의향조차도 아직 잘 알 수가 없다. 그래서 그저 다
시 답서를 청하게 되었다. 이미 수취했던 답서는, 이쪽의 의문에 답하
는 것이 아니었기 때문이다. [그러한 상황에서] 5월 11일에 재판 타이
라 나리쓰네(타카세 하치에몬)가 도해하여 화관에 왔다. 교우부군(소
우 요시자네)의 명령을 전하는 [사자이다.] 졸자를 타이슈우로 부르는
명령을 전해 왔다. 졸자는 이 명령에 대해 잘 생각해 보았다.

即答書中所疑之辭意不可不請問之五月十五日晝

疑問書一本於

府使大人以請轉達于

京都以六月十五日為乘船之期甚智閱之

東萊府報事於

京都或二三日兩度或四五日而達焉然列疑問書

轉達于

京都

京都作，

回答書中可キノ疑ヲ之辞意不可ラ不ンハアル請ヒ問ハ二之ヲ一五月十五
日呈シテ二
疑問ノ書一本ヲ於
府使大人ニ一以テ請ヒ転達センコトヲ二于
京都ニ一以二六月十五日ヲ一為ス二乗船ノ之期ト一某曾テ聞ク之ヲ
東莱府ヨリ報スル二事ヲ於
京都ニ一或ハ二二三日ニシテ而達シ焉或ハ四五日ニシテ而達スト焉然ラハ則チ疑問ノ書
転達シ二于
京都ニ一
京都作テ二

回答書中可疑之辞意不可不請問之五月十五日呈疑問書一本於府使大
人以請転達于京都以六月十五日為乗船之期某曾聞之東莱府報事於京
都或二三日而達焉或四五日而達焉然則疑問書転達于京都京都作

回答書中に疑う可きの辞意あり、これを問いて請いずんばあるべか
らず。五月十五日、疑問の書一本を府使の大人に呈して、以て京都
に転達せんことを請い、六月十五日を以て乗船の期と為す。某、曾
てこれを聞く。東莱府より事を京都に報ずる。或は二三日にして達
すと、或いは四五日にして達すと。然らば則ち疑問の書、京都に転
達し、京都にて

この度の回答の書中には、疑問とする文言がある。これを問い質し
[納得の行く説明を]請い受けなければ[帰国し報告も]できないもので

ある。そこで五月十五日、疑問の書一本を府使の大人に呈し、京都
に転達して頂くようお願いした。そして六月十五日を以て[帰国する
拙者の]乗船の期限とした。かつて拙者は、東莱府から事を京都に報
ずる時、或いは二、三日で届く、或いは四、五日で届くと、そのよ
うに聞いた事がある。もしそうであるなら、疑問の書を京都に転達
し、京都にて

이번의 회답서 중에는 의문이 드는 문언이 있다. 이것을 질문하여
[납득이 가는 설명을] 받지 않으면 [귀국하여 보고도] 할 수 없는 일
이다. 그래서 5월 15일에 의문서 1통을 부사 대인에게 정하며, 경도에
전달하여 줄 것을 원했다. 그리고 6월 5일을 [귀국하는 졸자의] 승선
기한으로 했다. 전부터 졸자는 동래부에서 사건을 경도에 보고할 때,
혹은 2, 3일에 도착하거나, 혹은 4, 5일에 도착한다고, 그렇게 들은 일
이 있다. 만일 그렇다면, 의문서를 경도에 전달하여, 경도에서

開示書以送下于

東萊府之日數不過十四五日也可知而某所期

之日數至三十日者欲

貴國間疑問書而察此事之情狀某未來船之前所

致

四答書契之微意也故五月廿三日以某之意見增補

答書文字錄為一本呈

府使大人以請韓達于

京都其後訓導接彼一本來以述

開示ノ書ヲ以テ送リ下スノ二于

東莱府ニ之日数不ルコトレ過ニ十四五日ニ也可シレ知ヌ而某シ所ロノレ期スル

之日数至ルニ三十日ニ者ノハ欲スルノ下

貴国閲テニ疑問ノ書ヲ而察シニ此ノ事ノ之情状ヲ某未タルル乗ラレ船ニ之前再ヒ

改メンコトヲ中

回答ノ書契ヲ上之微意ナリ也故ニ五月廿三日以テニ某カ之意見ヲ増損シ

答書ノ文字ヲ録シテ為シレ一本ト呈テ二

府使大人ニ以テ請フレ転達セシコトヲ二于

京都ニ其ノ後訓導持シニ彼ノ一本ヲ来テ以テ述

開示書以送下于東莱府之日数不過十四五日也可知而某所期之日数至
三十日者欲貴国閲疑問書而察此事之情状某未乗船之前再改回答書契
之微意也故五月廿三日以某之意見増損答書文字録為一本呈府使大人
以請転達于京都其後訓導持彼一本来以述

開示の書を作りて、以て東莱府に送り下すの日数、十四、五日に過
ぎざる事也。知りぬ可し。而して某、期する所の日数三十日に至り
しは、貴国疑問の書を閲して、此の事の情状を察し、某、未だ船に
乗らざるの前、再び回答書契を改めんことを欲するの微意なり。故
に五月廿三日、某の意見を以て、答書の文字を増損し、録して一本
と為し、府使の大人に呈して以て京都に転達せんことを請う。其の
後、訓導、彼の一本を持し、来りて以て

[疑問に対する説明の]開示の書を作り、それから東莱府に送り下す日数[を勘案すれば]十四、五日を過ぎ無いであろう。このような[期間を待つだけの]事を知って置くべきである。そこで拙者は、予定する所の日数[をさらに増やし]三十日にも至れば、貴国からの、疑問[に対する開示]の書を[充分に]閲覧できる[のではないか。その開示の書を見て]事情を察する事ができれば、拙者が船に乗る前に、再び回答の書契を改める事ができるのではないか。そのような事を僅かに期待していた。そこで五月二十三日、拙者の考えで、回答書中の文字を増減して[修正し]一本の記録として府使の大人に呈した。それを京都に転達して頂くよう要請した。その後、訓導がこの一本の記録を持参し[こちらにやって]来て、

[의문에 대한 설명의] 개시서를 작성하여, 그리고 동래부에 내려보내는 일수[를 감안하면] 14, 5일을 넘기지 않을 것이다. 이 같은 [기간을 기다려야 한다는] 것을 알아두어야 한다. 그래서 졸자는 예정했던 일수[를 다시 늘려] 30일이 되면, 귀국이 보내는, 의문[에 대한 개시서]를 [충분히] 열람할 수 [있는 것은 아닐까. 그 개시서를 보고] 사정을 살피는 일을 할 수 있으면, 졸자가 배를 타기 전에, 다시 회답의 서계를 고치는 일을 할 수 있는 것 아닐까. 그러한 일을 은근히 기대하고 있었다. 그래서 5월 23일에 졸자의 생각으로, 회답서 중의 문자를 증멸하고 [수정하여] 1통의 기록으로 해서 부사 대인에게 정했다. 그것을 경도에 전달하여 줄 것을 요청했다. 그 후에 훈도가 이 1통의 기록을 지참하고 [이쪽에] 와서

府使大人之意其所言如不知是非者某聞之悟

此事不成而留彼一本訓導頻請持彼一本去

以面謀于

府使大人某不敢許之因咸所期之日數以六月

十日為乗船之期

府使大人比日入念訓導請轉

啓彼一本某察

貴國之意而不從

府使大人之請也自異疑問書於

府使大人ノ之意ヲ其ノ所言フ如ト不ル知ラ是非ヲ者ト某シ聞テ之悟ニ
此ノ事不ルコトヲ成ラ而留ム彼ノ一本ヲ訓導頻リニ請ト持シ彼ノ一本ヲ去テ
以テ再ヒ謀ランコトヲ于
府使大人ニ某シ不敢テ許サレ之ヲ因テ減シテ所期スル之日数ヲ以テ六月
十日ヲ為ト乗ルノ船ニ之期ト
府使大人比日又タ令シテ訓導請ヘ転ト
啓センコトヲ彼ノ一本ヲ某シ察シテ
貴国ノ之意ヲ而不従ヘ
府使大人ノ之請ヒニ也自呈シテ疑問ノ書ヲ於

府使大人之意其所言如不知是非者某聞之悟此事不成而留彼一本訓導
頻請持彼一本去以再謀于府使大人某不敢許之因減所期之日数以六月
十日為乗船之期府使大人比日又令訓導請転啓彼一本某察貴国之意而
不従府使大人之請也自呈疑問書於

府使の大人の意を述ぶ。其の言う所、是非を知らざる者の如し。某
これを聞きて此の事の成らざることを悟りて、彼の一本を留む。訓
導頻りに彼の一本を持し、去りて以て再び府使の大人に謀らんこと
を請う。某、敢てこれを許さず。因りて期する所の日数を減らしめ
て六月十日を以て船に乗るの期と為す。府使の大人、比日、又、訓
導に令して、彼の一本を転啓せんことを請わしめ、某、貴国の意を
察して府使の大人の請いに従わざる也。疑問の書を

府使の大人の意見を述べ伝えてきた。その言う所は、まるで道理を

知らない者が言うような[筋の通らない]事であった。拙者はこれを聞き、この交渉が妥結に至ることは無い事を悟った。この一本の記録を[京に転達して貰う事を断念し、こちらに]留める事とした。訓導は頻りに、この一本の記録を[東莱府に]持参し、再び府使の大人と相談する事を[拙者に]請うた。だが拙者は敢えてこれを許さなかった。このような事によって、予定としていた日数を減らし、六月十日を以て船に乗る期日とした。府使の大人は、近頃また訓導に指令し、この一本の記録を[都へ]転啓しようと[こちらに、その同意を]求めてきた。だが拙者は貴国の真意を察し、そのような府使の大人の請いには従わないことにした。疑問の書を

부사 대인의 의견을 전해 왔다. 그것이 말하는 것은, 마치 도리를 알지 못하는 자가 말하는 것과 같은 [이치에 맞지 않는] 것이었다. 졸자는 이 말을 듣고, 이 교섭이 타결되는 일은 없다는 것을 깨달았다. 이 1통의 기록을 [경도에 전달해 준다는 사실의 기대를 단념하고, 이쪽에] 놓아두기로 했다. 훈도는 자꾸 이 1통의 기록을 [동래부에] 지참하여, 다시 부사 대인과 상담할 것을 [졸자에게] 청했다. 그러나 졸자는 일부러 이것을 허가하지 않았다. 이 같은 일로, 예정하고 있는 일수를 줄여, 6월 10일을 승선하는 기일로 했다. 부사 대인은 근래 다시 훈도에게 지령하여, 이 1통의 기록을 [도성에] 전계하자고 [이쪽에, 그 동의를] 요구했다. 그러나 졸자는 귀국의 진의를 알아, 그 같은 부사 대인의 청에는 따르지 않기로 했다. 의문서를

府使大人至于今二十五日而

貴國寺賜

開示者即是無可

開示之辞也既無可

開示之辞則

答書不可不改作有以改作之而欲令帶去之者紫

只縣海澤州實是侵陵

本邦也

貴國輕海澤州侵陵

府使大人ニ至テ于今ニ二十五日而

貴国未タルレ賜ハニ

開示ヲ者ノハ即チ是レ無キ之ト可ヘキニ

開示ス之辞上也既ニ無キトキハ下可ヘキノニ

開示ス之辞上則

答書不レ可ラレ不シハアルニ改メ作ラ不シテレ為サレ改作ルコトヲニ之ヲ而シテ欲ス

ルレ令メントレ帯ヒ去ラニ之ヲ者

ノミナランヤニ弊州ヲ実是レ侵陵スル之ニ

本邦ヲ也

貴国軽シ侮リニ弊州ヲ侵陵スルトキハニ

府使大人至于今二十五日而貴国未賜開示者即是無可開示之辞也既無可開示之辞則答書不可不改作不為改作之而欲令帯去之者豈只軽侮弊州実是侵陵本邦也貴国軽侮弊州侵陵

府使の大人に呈してより、今に至りて二十五日、貴国未だ開示を賜わざるは、即ち是れ開示す可きの辞、無きこれ也。既に開示す可きの辞、無き時は、則ち答書、改め作らずんばあるべからず。これを改め作ることを為さずして、之を帯び去ら令めんと欲するは、豈に只弊州を軽んじ侮るのみならんや。実に是れ本邦を侵陵するこれ也。貴国、弊州を軽んじ侮り、

府使の大人に呈してから今に至るまで[すでに]二十五日が経過した。貴国が未だ開示の書を下賜なさらないのは、つまり開示できるよう

な文辞(論旨)が無いからであろう。[こちらの疑問に対し]すでに開示するほどの文辞が無いと言う時には[疑問を含む文書は取り下げ]ここに改めて[新たな]答書を何としても作らねばならない筈である。答書を改めて作ることをせず[疑問を残す欠陥の文書を、そのまま使者に]帯同させ[この地を]去らせようとする事は、只弊州を軽んじ侮ると言う事のみではなく、まことにこれは、本邦[の威信]を侵陵する事にも該当する。[そのような]貴国が弊州を軽んじ侮り、

부사 대인에게 정하고 나서 지금에 이르기까지 [이미] 25일이 경과했다. 귀국이 아직 개시서를 하사하시지 않는 것은, 곧 개시할 수 있는 문사(논지)가 없기 때문일 것이다. [이쪽의 의문에 대해] 이미 개시할 정도의 문사가 없다고 할 때는 [의문을 담은 문서를 취하하고] 여기에 다시 [새로운] 답서를 어떻게든 만들지 않으면 안 될 것이다. 답서를 새로 만드는 일을 하지 않고 [의문을 남기는 결함의 문서를 그대로 사자에게] 대동시켜 [이곳을] 떠나게 하려고 하는 것은, 그저 폐주를 경시하여 모독한다고 말할 수 있는 일만이 아니라, 그야말로 이것은 본방[의 위신]을 침릉하는 일에도 해당한다. [그와 같이] 귀국이 폐주를 경시하고 모독하여,

本邦則某之處此事不可不直赴
東萊府面接
府使大人以見不祭君命之節義然刑部君某之意
有不可量知者救命益包憤以帰弊州
府使大人可以
憐察某之情也某之帰州不帯
回答書契使訓導別差對之以授之館守走乃就刑部
君遣使之曰館守授之使者使者継述某之志事以決
此事之成否也某荒帯

本邦ヲレ則某カ之処スルニ此事ヲ不レ可ラレ不ニハアル下直チニ赴ヒテニ
東莱府ニレ面接シテニ
府使大人ニレ以テ見ハサ中不ルノレ辱シメニ君命ヲレ之節義ヲ上然レトモ刑部君召
スノレ某ヲ之意
有リト不レ可ラ量リ知ルニ者ノ上故ニ含ミレ羞ヲ包テレ憤リヲ以テ帰ルニ弊州ニレ
府使大人可シニ以テ
憐察スニ某カ之情ヲ也某シ之帰ルニレ州ニ不レ帯ヒニ
回答書契ヲニ使シテシメテドレ訓導別差ヲ封セ上レ之ヲ以テ授クニ之ヲ館守ニレ是レ
乃チ欲シテ之下刑部
君遣ルノレ使ヲ之日館守授ケニ之レヲ使者ニレ使者継テ述ヘテニ某カ之志事ヲニ
以テ決センコトヲ中
此ノ事ノ之成否ヲ上也某シ若シモ帯ヒニ

本邦則某之処此事不可不直赴東莱府面接府使大人以見不辱君命之節
義然刑部君召某之意有不可量知者故含羞包憤以帰弊州府使大人可以
憐察某之情也某之帰州不帯回答書契使訓導別差封之以授之館守是乃
欲刑部君遣使之日館守授之使者使者継述某之志事以決此事之成否也
某若帯

本邦を侵陵する時は、則ち、某の此の事を処するに、直ちに東莱府
に赴いて府使の大人に面接を以て、君命を辱しめざるの節義を見わ
ざらんはあるべからず。然れども刑部君、某を召すの意、量り知る
べからざる者有り、故に羞を含み、憤りを包みて、以て弊州に帰
る。府使の大人、以て某の情を憐察す可き也。某の州に帰るに、回

答書契を帯びず。訓導別差を使して之を封ぜしめて、以て之を館守に授く。是れ乃ち刑部君、使を遣するの日、館守これを使者に授け、使者継ぎて、某の志事を述べて、以て此の事の成否を決せんことを欲してのこと也。某、若しも答書を帯び、

本邦[の威信]をも侵陵するような時[が今こうして到来した。]すなわち拙者は[もはや行動を起こさねばならない。]この事に対処するとなれば、直ちに東莱府に赴き、府使の大人に面接し、君命を辱しめない節義を、ここで御目に掛けざるを得ないのである。然しながら、刑部君(宗義真)が拙者を召還する真意については、量り知る事のできない所が有り、それゆえ羞恥や憤怒を敢えて抑え、弊州に帰ることにした。府使の大人には、このような拙者の心情を憐れみ[充分に]察して頂きたい。拙者が対州に帰るに際し、回答の書契を帯同するような事は無い。訓導と別差によって、この書契に封をし、これを館守に授け置くことにした。これは刑部君が[再び]使者を派遣した時、館守が使者に[この書契を]授け[それによって]使者は[この交渉を再び]継続できるからである。拙者の志の事も述べ伝えがある事であろう。[新たな使者が、それを引き継ぎ]事の成否を決するようになる事を[拙者は強く]希望する。もしも拙者が答書を帯同し

본방[의 위신]을 침릉하는 것과 같은 때[가 지금 이렇게 도래했다.]즉 졸자는 [어쩔 수 없이 행동을 하지 않으면 안 된다.] 이 일에 대처하려고 하면, 바로 동래부에 가서, 부사 대인을 면접하고, 군명을 욕되게 하지 않는 절의를, 여기서 보여드리지 않을 수 없는 일이다. 그러나 교우부군(소우 요시자네)이 졸자를 소환하는 진의에 대해서는, 헤아릴 수 없는 것이 있어, 그것 때문에 수치나 분노를 애써 참고, 폐주로 돌아가기로 했다. 부사 대인께서는 이 같은 졸자의 심정을 살피시어, [충분히] 알아주었으면 한다. 졸자가 타이슈우에 돌아갈 때, 회답의 서계를 대동하는 것과 같은 일은 없다. 훈도와 별차가 이 서계를 봉하여, 이것을 관수에게 맡겨두기로 했다. 이것은 교우부군이 [다시] 사자를 파견했을 때, 관수가 사자에게 [이 서계를] 맡기고 [그리고 나서] 사자는 [이 교섭을 다시] 계속할 수 있기 때문이다. 졸자의 생각하는 것도 말하여 전하는 일도 있을 것이다. [새로운 사자가 그것에 이어] 일의 성부를 결정하게 되는 것을 [졸자는 강하게] 희망한다. 만일 졸자가 답서를 대동하고

答書去則候令使者持

答書來而再議改作亦其寫本即不得不辭

啓于
　東都
　東都知
貴國回答之為正本與寫本何異之有惟
兩國之和好在留
答書於和館之間
答書一越海則

答書ヲ去ルトキハ則チ仮トヒ令使者持シ

答書ヲ来テ而再ヒ請フトモ改メ作シコトヲ亦其ノ写本ハ即チ不レ得レ不ルコトヲ

ト転中

啓セ于

東都ニ上

東都知レハ

貴国回答ノ之意ヲ正本ト与写本何ノ異ナルコトカ之レ有ン因テ惟ミレハ

両国之和好ハ在リト留ムルノ

答書ヲ於和館ニ之間タニ上

答書一ヒ越ユルトキハレ海ヲ則

答書去則仮令使者持答書来而再請改作亦其写本即不得不転啓于東都
東都知貴国回答之意正本与写本何異之有因惟両国之和好在留答書於
和館之間答書一越海則

去る時は、則ち仮令使者、答書を持し、来りて再び改め作らんこと
を請うとも、亦、其の写本は即ち東都に転啓せざることを得ず。東
都、貴国回答の意を知れば、正本と写本と何の異なることか、これ
有らん。因りて惟みれば、両国の和好は答書を和館に留むるの間に
在り。答書一たび海を越ゆる時は、則ち

[この地を]去る時となれば、たとえ[新たな]使者が、この答書を[再び]
持参し[この地に]来て、再び改作の答書を要請しようと、その答書の
写本は、その時[持ち帰った対州から]東都に転啓せざるを得なくなっ

ている。東都が貴国の回答の意味を知れば、正本と写本との違いなど
あるわけはない。直ちに問題が発生する。この事を考えて見れば、両
国の和好は、答書が草梁和館に留まっている間のみ、これを維持する
ことができる。だが答書が一たび海を越えた時、その時、

[이곳을] 떠날 때가 되면, 설령 [새로운] 사자가, 이 답서를 [다시] 지
참하고 [이곳에] 와서, 다시 개작의 답서를 요청하려고, 그 답서의 사
본은, 그때 [가지고 돌아간 타이슈우에서] 동도에 전계하지 않을 수
없게 되어 있다. 동도가 귀국이 회답한 의미를 알면, 양국의 우호는,
답서가 초량화관에 맡겨져 있을 동안에만, 이것을 유지할 수 있다. 그
러나 답서가 일단 바다를 건넜을 때, 그때,

兩國恐失百年之和好，其之歸州，欺刑部君以死宋，

受，

答書然則刑部君應將其之辭料

啟千

東部。

貴國為終不政，

應而他□轉

啟令之

答書則某必受內欺，弊州上欺，

両国恐ラク失ハン二百年ノ之和好ヲ一某シ之帰テレ州ニ欺イテ二刑部君ヲ一以テ曰
ハン未タシトレ

受下

答書ヲ上然ラハ則チ刑部君応ニ下将テ二某カ之辞ヲ一転

啓中于

東都ニ二上

貴国若シ終イニ不シテレ改メレ

慮リテ而他日転ニ

啓スルトキハ今ノ之

答書ヲ一則某シ必ス受ケント下内欺キ二弊州ヲ一上欺ムクノ二

両国恐失百年之和好某之帰州欺刑部君以曰未受答書然則刑部君応将
某之辞転啓于東都貴国若終不改慮而他日転啓今之答書則某必受内欺
弊州上欺

両国恐らく百年の和好を失わん。某の州に帰りて刑部君を欺いて、

以て曰わん、未だ答書を受けずと。然らば則ち刑部君、応に某の辞
を将て、東都に転啓せん。貴国若し終に慮りて改めずして他日、今
の答書を転啓する時は、則ち某、必ず内に弊州を欺き、上に東都を
欺むくの

両国は恐らく百年の和好を失うであろう。[それゆえ]拙者は対州に帰
り、刑部君を欺き、未だ答書を受けていないと報告する[つもりであ
る。]そうなれば、その時、刑部君はまさに拙者の言辞を受け、それ

を東都に転啓するであろう。貴国がもしも考慮の結果、結局のところ、この答書を改めない事になれば、他日、今の答書を[東都に]転啓することになる。その時、拙者は、必ずや内に弊州を欺き、上に東都を欺くという[罪を得て]

양국은 아마도 100년의 우호를 잃게 될 것이다. [그렇기 때문에] 졸자는 타이슈우에 돌아가 교우부군을 속여, 아직 답서를 받지 않았다고 보고할 [생각이다.] 그렇게 되면, 그때, 교우부군은 틀림없이 졸자의 언설을 받아, 그것을 동도에 전계할 것이다. 귀국이 혹시라도 고려한 결과, 결국 이 답서를 고지치 않는 일이 되면, 타일에, 지금의 답서를 [동도에] 전계하게 된다. 그때 졸자는 반드시, 안으로는 폐주를 속이고, 위로는 동도를 속였다고 하는 [죄로]

東都之大戰今番一件

貴國深有疑于弊州則來不當

荅萬去以欺刑部君之意

貴國今應不信之刑部者豊便以決此來之將

貴國終應悟其之誠意也歸期既迫今將發前二

緒千萬不得詳述統惟

照亮不宣

乙亥六月十日

差使橋貞重

東都ヲ之大戮ヲ今番ノ一件

貴国深ク有ルトキハレ疑ヒ二于弊州ニ則某シカ不シテト帯ヒ二

答書ヲ去テ上以テ欺ムクノ二刑部君ノ之意ヲ

貴国今マ応サニレ不ル信セレ之ヲ刑部君遣シテレ使ヲ以テ決スルノ此ノ事ヲ之時

貴国終ニ応シレ悟トル二某カ之誠意ヲ也帰期既ニ迫ツテ今将ニスレ発セント船ヲ心

緒千万不レ得二詳述ルコトヲ統テ希クハ

照亮セヨ不宣

乙亥六月十日　　　　　　　差使橘真重

東都之大戮今番一件貴国深有疑于弊州則某不帯答書去以欺刑部君之
意貴国今応不信之刑部君遣使以決此事之時貴国終応悟某之誠意也帰
期既迫今将発船心緒千万不得詳述統希照亮不宣

　　　乙亥六月十日　　　　　　　差使橘真重

大戮を受けん。今番の一件、貴国深く弊州に疑い有る時は、則ち某
が答書を帯びずして去り、以て刑部君の意を欺むく。貴国、今、応
に之を信ぜざるべし。刑部君、使を遣して、以て此の事を決するの
時、貴国終に応に某の誠意を悟るべき也。帰期は既に迫りて、今将
に船を発せんとす。心の緒は千万、詳かに述ぶることを得ず。統て
希くば照亮せよ、不宣

　　　乙亥六月十日　　　　　　　差使橘真重

大なる殺戮を受ける事であろう。今回の一件は、貴国が深く弊州に
疑いを持った事で[解決を妨げた。]拙者は答書を帯同せず[この地を]

去ることになる。そして刑部君の心を欺くことになる。貴国は今まさに[弊州への疑いを解き、拙者の真意を]信じるべきである。[やがて]刑部君は[再び]使者を派遣し、この交渉を決しようとする。その時、貴国は、まさに拙者の誠意を悟る事であろう。もはや帰期は迫り、今まさに船は出発しようとする。心の緒は幾千万にも乱れ、詳かに述べることもできない程である。[今や]統（すべ）てが明瞭に了解されることを、ただ願うばかりである。[だが思いの丈は、ここで充分に]宣べ得ないで終わってしまった。

　　乙亥六月十日　　　　　　　　　　差使　橘真重

큰 살육을 받게 될 것이다. 이번의 일건은 귀국이 깊이 폐주를 의심한 일이 [해결을 방해했다.] 졸자는 답서를 대동하지 않고 [이곳을] 떠나게 된다. 그리고 교우부군의 마음을 속이는 일이 된다. 귀국은 지금 확실히 [폐주에 대한 의문을 풀고, 졸자의 진의를] 믿어야 한다. [결국] 교우부군은 [다시] 사자를 파견하여 이 교섭을 해결하려고 한다. 그때 귀국은 졸자의 성의를 깨닫게 될 것이다. 이미 시기는 촉박하여, 지금 배는 출발하려고 한다. 마음은 몇천 가지로 흩어져, 자세히 이야기할 수도 없을 정도이다. [지금은] 모든 것이 명료하게 이해하게 되는 것을 원할 뿐이다. [그러나 생각하는 핵심은 여기서 충분히] 말하지 못하고 끝나버렸다.

　　을해 6월 10일　　　　　　　　차사 타치바나 마사시게

(35-08)

〃此短簡之内に不ルノ レ辱シメ 二君命ヲ 一之儀をしめすへきといへるハ
右竹嶋の一件最初ハ公命を憚るの故を以て此嶋八十年来のこと
く我国之属嶋となれかしと衆心同意にて恐喝の言葉ニも及ひたる
なれど与左衛門再渡之時彼国より一嶋二名の説を強拗に立て返
簡を

(35-08)

〃この短簡の内には「不辱君命之儀(君命を辱しめずの儀)」を示すべ
きと言う部分が在る。これは右竹嶋の一件についての事で、最
初、御公儀の命令を受け[その詳細な説明を受ける事を]憚り[た
だ御命令の通りに、朝鮮に申し入れを行った。]そのような経緯
から、この島が八十年来あった如く[なお今後も]我が国の属島で
あって欲しいと、そのように衆心同意し[交渉に当たった。その
折]恐喝の言葉にも及んだ(註1)。だが与左衛門が再度の渡海を果
たした時、彼の国から一島二名の説を強く執拗に言い立てられ(註
2)返翰を

(35-08)

〃이 단간 중에는 「군명을 부끄럽게 하지 않는 의」를 보여야 한다
고 말한 부분이 있다. 이것은 죽도일건에 대한 일로, 처음에 장
군의 명을 받고 [그 상세한 설명을 받는 것이] 어려워 [그저 명령
대로 조선에 요구를 했다.] 그러한 경위에서, 이 섬이 80년 이래
로 있었던 것처럼 [역시 금후에도] 우리나라의 속도여야 한다고,

그렇게 모두가 동의하고 [교섭에 임했다. 그때] 공갈의 언어도 사용했다. 그러나 요자에몬이 다시 도해했을 때, 그 나라에서 1 도 2명 설을 강하고 집요하게 주장하여, 반한을

去政を廢し以はゝ言るに而して候得は
五穀も多く象判使陶金の尊も滅は
古綿を近退帳谷とゝゝしるをくまて
二年を立て而も慶陶山彦あらん
此事かやもとゝ尊あり一は立あ
いくを竹嶋を波瀾の尊慶畜とへる
言る未歴の有夏又そ爪と洶めもゝ

書改相渡し候以後ハ重而いふべきの言葉もなく参判使帰国の導も誠に古語に進退惟^レ谷^{ルキワマル}といへることくにて二年を過し所に其後陶山庄右衛門^江此事如何やと御尋ありし時庄右衛門いへるは竹嶋を彼国の欝陵嶋といへる其来歴有事にてそれを改めよとハ

書き改めて渡された以後は、もはや重ねて言うべき言葉も無くなっていた。[結局]参判使は帰国ということになったが、その導きとなったものは、誠に　古語(『詩経』大雅・桑柔)にある「進退惟れ谷まる」と言うような事であった。二年を経過した所で、その後、陶山庄右衛門へ、この事を如何に考えるかと[御隠居様から]御尋ねがあった。その時、庄右衛門が申し上げたのは[次のような事であった。すなわち]竹嶋は彼の国で言う欝陵嶋の事で、その来歴について[ことに]有事の際に、それを改めよと言うような事は、

개서해서 건넨 이후에는, 이미 거듭해서 할 말도 없게 되었다. [결국] 참판사는 귀국한다고 하는 일이 되었으나, 그 도화선이 된 것은, 그야말로 고어(『시경』대아・상유)에 있는 「진퇴유곡(나가지도 못하고 물러나지도 못하여 곤란한 경우)」이라고 말할 수 있는 일이었다. 2년이 경과한 후에 스야마 쇼우에몬에게, 이 일을 어떻게 생각하는가라고 [은거하신 분이] 묻는 일이 있었다. 그때 쇼우에몬이 말씀드린 것은 [다음과 같은 일이었다. 즉] 죽도는 그 나라에서 말하는 울릉도로, 그 내력에 대해 [특히] 문제가 있을 때, 그것을 고치라고 말하는 것과 같은 일은,

元来可被仰掛事ニあらすたとへ日本の属嶋に可被遊与　公儀之命ありと
も御役の上よりは幾重ニ茂御諫諍可被成事ならすやしかし此返簡之内ニ
犯越侵渉又ハ欠二誠信一ヲなといへる文字其国無念の失を隠し専ラ我州
をはつか

元々[無理な事で、こちらから]申し出るような事ではありません。た
とえ日本の属島にするつもりであると公儀から御命令があっても[朝
鮮通交の]御役目の上からは、幾重にも御諫諍に成られるべき 事でご
ざいました。しかし[今回の]この返簡の内には、犯越侵渉と言う文字
や、又、誠信を欠くなどと言う文字があります。あちらの国が、無
念の失意を隠し、専ら我が州を辱めようとする言葉であります。そ
のような我が州を辱め

원래 [무리한 이야기로, 이쪽에서] 요구할만한 일이 아닙니다. 설령
일본의 속도로 할 생각이라고 장군이 명령했다 해도 [조선통교의] 역
할을 맡은 입장에서는, 몇 번이고 간쟁해야 하는 일이었습니다. 그러
나 [이번의] 반간 안에는 범월 침섭이라는 문자나, 또 성신을 결한다
는 등의 문자가 있습니다. 저쪽 나라가, 무념의 실의를 감추고, 오직
우리 주를 욕되게 하는 언어입니다. 그와 같이 우리 주를 욕되게

一さうなれハ仮令の義理あつて
　　得ると海ら尽き変てあつて今一つに
　　　　　をさ　　もより　　　　ゆふ改りるば
　　　　　　されしを得たる者を気　めましきと
　不通の　　をまる及ひうな仮　懐を
　　　　きるとめ死を　　一罪事さや上する
　　子は　亢源一変一　　らを彼害し

しめたる言葉ニ而我州をはつかしむるなれハ使者の義理ニありて請取帰
るへき事ニあらす今一たひ其所をことわりすなをに改りなば其侭これ
を請取若も是非改めましきと不遜の言葉に及ひなば使者覚悟をきわめ
死をいたし可申事与申上たるに付キ衆議一決し庄右衛門を彼国ニ江

ようとする言葉でありますので、これは使者の義理に於いても、請
け取って持ち帰るようなものではありません。今一たび、その所
を、理を以て諭し、もしも素直に改ったならば、そのまま、これを
請け取ればよいのです。だがもし、この事を絶対に改めないと、な
お不遜の言葉を吐くようであれば、使者は覚悟を決め、死を賭して
抗議をするべきでございます。このように申し上げた所、衆議一決
し、庄右衛門を彼の国へ

하려고 하는 말이기 때문에, 이것은 사자의 입장에서는 청취하여 가
지고 돌아올 수 있는 것이 아닙니다. 지금 다시 한 번 그것을, 이치로
깨우쳐서, 순수하게 고쳤다면, 그대로, 이것을 청취하면 됩니다. 그러
나 혹시, 또 불손한 말을 뱉을 것 같으면, 사자는 각오를 정하고, 죽음
을 걸고 항의해야 합니다. 이렇게 말씀드렸더니, 중의가 결정되어, 쇼
우에몬을 그 나라에

被差渡たる也依之与左衛門[江]其趣を達し右之文句を書述候而と見へし
杉村采女[江]復使を仰せし時一行切腹に及ふ事茂可有之与申上たるも同
一意なるべし

差し渡すことになった。これによって[渡海する庄右衛門を介し]与左
衛門へ、その趣旨を申し伝え、右の文句を[疑問四箇条の中に]書き述
べるようになった、そのように聞いている。[御隠居様は交渉の収拾
を図るため]杉村采女へ復た使者となるよう、お命じになられた。そ
の時、使者の一行は切腹にも及ぶ事態を覚悟し、この任務を承った
という。そのような決意の事も、この「不辱君命之儀(君命を辱しめ
ずの儀)」と同一の意味である。

파견하기로 했다. 그렇게 해서 [도해하는 쇼우에몬을 매개로 해서] 요
자에몬에게, 그 취지를 전하여, 위의 문구를 [의문 4개조 속에] 기록
하게 되었다. 그렇게 듣고 있다. [은거하신 분은 교섭의 수습을 도모
하기 위해] 스기무라 우네메에게 다시 사자가 될 것을 명령하셨다.
그때 사자 일행은 할복하게 될 경우를 각오하고, 이 임무를 받았다고
한다. 그와 같이 결의하는 것도, 이 「군명을 욕되게 하지 않는 것」과
동일한 의미이다.

(35-09)

〃同月十二日与左衛門一行不順ニ付牧之嶋江繋船之所去月十五日東莱江遣置候疑問之返答書都より到来之由ニ而来候委細令披見候処此方より之疑問之儀一ケ条も彼方申開不相聞候故則又再答之真文相認是又与左衛門出船以後去ル十日ニ渡し置候真文同前ニ訓導別差を以東莱江被相渡様にと申達館守裁判ニ渡之

(35-09)

〃同月(六月)十二日、[帰国の途に就いた]与左衛門一行は[天候]不順に付き、牧之嶋(絶影島)へ[一旦]船を繋ぎ留めた。そのような所に、去月(五月)十五日、東莱府へ遣わし置いた疑問四箇条に対する返答書が、都から到来したと、そのような事が伝わって来た。そして[至急、停泊中の船中に、その返答書が]届けられて来た。その委細を見届けた処、こちらからの疑問の呈示に、一箇条もあちらは申し開きをする事なく[その答弁たるを]聞くことはできなかった。それゆえ又、再度の返答を求め、すなわち真文にしたため[その書簡をあちらに遣わすことにした。]これを又、与左衛門が出船以後に[お渡しするよう予め]記し置いた書簡、つまり去る十日に[館守に]渡し置いた真文と同様[の取り計らいとした。すなわち]訓導と別差とを以て東莱府使へお渡しする様にと、館守と裁判に申し伝え、この書簡を[草梁和館に]渡し置いた。

(35-09)

〃동월(6월) 12일에 [귀국의 길에 오른] 요자에몬 일행은 [천후] 불

순으로 마키노시마(절영도)에 [일단] 배를 계류했다. 그러한 곳에, 지난 달(5월) 15일에 동래부에 보내두었던 의문 4개조에 대한 반답서가 도성에서 도래했다고, 그와 같은 일을 전해 왔다. 그리고 [지금으로, 정박 중인 선 중에, 그 반서가] 전달되었다. 그 자세한 것을 살펴보았더니, 이쪽에서 정시한 의문 1개조도 저쪽은 수긍하는 것이 없어 [그 답변이라는 것을] 들을 수는 없었다. 그래서 다시 요자에몬이 출발 이후에 [건네줄 수 있도록 미리] 기록해 두었던 서간, 즉 지난 10일에 [관수에게] 건네두었던 한 문과 같이 [처리하라고 했다. 즉] 훈도와 별차를 통해 동래부사에 건네주도록 하라고, 관수와 재판에게 전하고, 이 서간을 [초량화관에] 건네두었다.

(35-10)

〃 疑問返答之書左ニ記之

(35-10)

〃 疑問[四箇条に対する東莱からの]返答の書を、左に記す。

(35-10)

〃 의문 [4개조에 대해 동래에서 보낸] 반답서를 아래에 기록한다.

所疑問四條事欲遂設辦破則珠還麝令如像

其大界而言曾在八十二年前甲寅

貴州頭倭一名裕後十三名以磯竹島大小形止探

見東情書契出来

朝廷以為猥越而不許稽待只令本前使朴慶業答書

其案曰所謂磯竹島實我

國之蔚陵島今於慶尚江原兩道海洋而藏在輿圖為可

證也盖自新羅高麗以来皆在東収宗方物之事達

所ロノレ疑問スル四条ノ事欲スルトキハ遂テレ叚ヲ弁破セント則ニ殊ニ渉ルニ瑣屑
ニ今姑ク撮ツテニ
其ノ大畧ヲ而言フ曾テ在ツテニ八十二年ノ前甲寅ニ
貴州ノ頭倭一名格倭十三名以テニ礒竹島大小形止探
見ノ事ヲ持テニ書契ヲ出来ル
朝廷以テ為シテニ猥越ヲ而不レ許サレ接待ヲ只令シテシムト本府ノ府使朴慶
業ヲ答書セ
其ノ畧ニ曰ク所謂礒竹島実ニ我カ
国ノ之蔚陵島ナリ介テニ於慶尚江原両道ノ海洋ニ而載セテ在リニ輿図ニ烏
ソ可ケンレ
誣ニ也蓋シ自リニ新羅高麗ニ以来曾テ有リト収取スルノニ方物ヲ之事ト逮テ

〔真文〕

所疑問四条事欲遂叚弁破則殊渉瑣屑今姑撮其大畧而言曾在八十二
年前甲寅貴州頭倭一名格倭十三名以礒竹島大小形止探見事持書契出
来朝廷以為猥越而不許接待只令本府府使朴慶業答書其畧曰所謂礒竹
島実我国之蔚陵島介於慶尚江原両道海洋而載在輿図烏可誣也蓋自新
羅高麗以来曾有収取方物之事逮

〔読み下し文〕

　疑問する所の四条の事、叚（かど）を遂（とげ）て弁破せんと欲する時は、則ち殊
に瑣屑（させつ）に渉る。今姑（しばら）く其の大畧を撮って言う。曾（かつ）て八十二年の前、
甲寅に在って、貴州の頭倭一名、格倭十三名、礒竹島の大小、形止

の探見の事を以て書契を持ちて出で来る。朝廷以て猥越を為して接
待を許さず、只、本府の府使朴慶業をして答書せしむ。其の署に曰
く、所謂礒竹島は実に我が国の蔚陵島なり。慶尚江原両道の海洋に
介して輿図に載せて在り。烏ぞ誣る可んや。蓋し新羅高麗自り、以
来、曾て方物を収取するの事有り。

〔現代語訳〕

　疑問とする四箇条の事であるが、その仮説[に基づく疑問]を[正し
く]遂究し論破しようとすれば[その解説は]殊に瑣末かつ煩雑に渉る
ことになる。それゆえ今姑く、その大略を取り上げて説明すること
にする。曾て八十二年前のこと、甲寅(一六一四、慶長十九)の年の事
であったが、貴州の者たち、すなわち頭となる倭人一名、その格卒
(部下)十三名が、礒竹嶋に渡り、その島の大小、姿形を探索望見する
ことがあった。[その結果を踏まえ]書契を[作成し、島での生業の継
続を]持ち出して来た。朝廷は、これを猥りに起こした訴願と見なし
[その一行への官の]応接を許可しなかった。只、東莱府の府使である
朴慶業に命じ、その書契に対し答書を行った。その[答書]の概略を言
えば、所謂礒竹嶋は、実は我が国の蔚陵嶋である。慶尚道と江原道
の両道の[遥かな]海洋上にある島である。そのような事は[すでに]我
が国の輿地勝覧の図に載せて在り、もとより誣るような事では無
い。まさしく新羅や高麗の時代から今に至るまで[我が国の領域内に
ある島である。]曾て方物[の献上があり、朝廷は]これを収取する事
が有った[ほどである。]

의문으로 하는 4개조의 일이나, 그 가설[에 근거하는 의문]을 [바르게] 추구하여 논파하려고 하면 [그 해설은] 특히 사소(瑣末)하고 번잡함에 빠지게 된다. 그래서 잠시, 그 대략을 들어 설명하기로 한다. 과거 82년 전의 일, 갑인(1614, 慶長 19)년의 일이었으나 귀주인들이, 즉 두목의 왜인 1명과 그 부하 13명이 이소타케시마에 건너와 그 섬의 대소, 상황을 탐색 망견하는 일이 있었다. [그 결과를 포함하여] 서계를 [작성하여, 섬에서의 생업의 계속을] 들고 나왔다. 조정은 이것을, 멋대로 일으킨 소원(訴願)으로 간주하고 [그 일행에 대한 관의] 대응을 허가하지 않았다. 지금 동래부의 부사 박경업에게 명하여, 그 서계에 대한 답서를 했다. 그 [답서]의 개략을 말하자면, 소위 이소타케시마란 사실은 우리나라의 울릉도이다. 경상도와 강원도 양도의 [멀고 먼] 해양 상에 있는 섬이다. 그러한 일은 [이미] 우리나라의 여지승람의 지도에 실려 있어, 처음부터 속이는 일이 아니다. 그야말로 신라나 고려시대부터 지금에 이르도록 [우리나라 영역 내에 있는 섬이다.] 옛날에 방물[의 헌상이 있었고, 조정은] 이것을 수취한 일이 있을 [정도였다.]

至我。

朝鮮有刷還逃民之舉，今雖嚴禁，豈可家他人員居，

以啓鬧釁耶？貴州我。

國從來通行唯有一路，此外則無論漂船，眞假皆

以賊船論斷，幣鎖及沿海將官唯嚴家約束耐，

已唯領，

貴州審區土之有分如界限之難後各求信義免，

致譯炭君令此書辭亦載於來書疑問第四谷

辭意雖異大旨則同若欲知此東原於此一書，

レ　　　　　至ルニ二我カ

朝ニ一累ニ有リ下刷還スルノ二逃民ヲ一之挙上今雖ヘトモレ廃棄スト豈ニ可ヤ下容シ
テ二他人ノ冒居ヲ一

以テ啓ク中闔寰ヲ上耶貴州(欄外に「貴州之字書下シ本書如此」とあり)我カ
国徃来通行唯有リレ一路此ノ外則無クレ論スルコト二漂船ノ真仮ヲ一皆

以二賊船ヲ一論断ス弊鎮及ヒ沿海ノ将官唯厳ニ守ル二約束ヲ一而
已唯願クハ

貴州審ニシ二区土ノ之有コトヲ一レ分知テ下界限ノ之難キコトヲ上レ侵シ各守リレ信
義ヲ免レ

致スコトヲ二謬戻ヲ一云フ今此ノ書辞亦載ス二於来書疑問第四条二一
詳畧雖ヘトモレ異大旨則チ同シ若シ欲レ知ント二此ノ事ノ源委ヲ一此ノ一書ニシテ

至我朝累有刷還逃民之挙今雖廃棄豈可容他人冒居以啓闔寰耶貴州我
国徃来通行唯有一路此外則無論漂船真仮皆以賊船論断弊鎮及沿海将
官唯厳守約束而已唯願貴州審区土之有分知界限之難侵各守信義免致
謬戻云今此書辞亦載於来書疑問第四条詳畧雖異大旨則同若欲知此事
源委此一書

我が朝に至るに逮て、累に逃民を刷還するの挙有り。今、廃棄すと
雖ども、豈に他人の冒居を容れて以て闔寰(か)を啓く可んや。貴州
と我が国の徃来、通行は唯一路有り。此の外、則ち漂船の真仮を論
ずる事無く、皆賊船を以て論断す。弊鎮及び沿海の将官、唯厳に約
束を守る而已、唯願くは、貴州、区土の分有る事を審にし、界限の

侵し難き事を知りて、各々信義を守り、謬戻を致す事を免れよと云う。今此の書辞、亦、来書の疑問第四条に載す。詳畧は異なると雖ども、大旨、則ち同じ。若し此の事の源委を知らんと欲すれば、此の一書にして

我が朝に至るに及び、累に逃民が[島に隠れ住む事があった。そこで彼ら]を刷還[すなわち連れ戻す]事の挙動が有った。今[こちらが島を]廃棄すると言っても、他人が勝手に入り込んで来て、ここに居住し、闐窶(賑わったりさびれたりの日常生活)を拓く事を、そのまま認めるものではない。貴州と我が国の往来、その通行は[対馬の]唯一路で有り、この他[の航路、すなわち欝陵嶋を介する航路など]を認めるわけではない。[だから倭船が、この島に立ち寄れば]即座に、漂船かどうかを論ずる事無く、皆賊船と見なして処断する。弊邦の[海辺の]鎮台や沿海の将官は、唯厳正に対処する事を約束し[この指示]を[厳重に]守るだけである。ただ願う所は、貴州が区域[の別を知り]寸土[にも領分というもの]が有るという事を[理解し、その事を]審にし、境域の界限は侵し難いものであるという事を知って欲しい。その上で各々が信義を守り、誤謬(あやまち)や乖戻(道理に反する事)を致す事の無いよう行動して欲しいと、そのような事を[朴慶業は答書において]語っている。今この書辞を、来書の疑問第四条に対する回答として、また載せておく。詳しい経略は異なるとは言え、おおむね、これは同じである。もし[今回の疑問となった]事の源委(あらまし)を知りたいと望むのであれば、この[朴慶業の答書]一書にして[充分に]

우리 조선조에 이르러, 자주 도망치는 인민이 [섬에 숨어사는 일이 있었다. 그래서 그들을] 쇄환하여 [끌고 돌아오는] 일이 있었다. 지금 [우리가 섬을] 폐기한다 해도 타인이 멋대로 들어가서 거기에 거주하여 요과(鬧寡: 붐비거나 한적하거나 하는 일상생활)를 여는 일을 그대로 인정하는 것이 아니다. 귀주와 우리나라의 왕래, 그 통행은 [쓰시마가] 유일한 길로, 이외[의 항로, 즉 울릉도를 매개로 하는 항로 등]을 인정할 수 없다. [그러므로 왜선이 이 섬에 들르면] 즉석에서 표선인가 아닌가를 논하는 일 없이 모두 적선으로 간주하고 처단한다. 폐방 [해변의] 진태(鎭台)나 연해의 장관은 그저 엄정하게 대처할 것을 약속하고 [이 지시]를 [엄중히] 지킬 뿐이다. 그저 원하는 것은 귀주 구역[의 한계를 알아] 촌토[에도 분령이라는 것]이 있다는 것을 [이해하고 그 일을] 소상하게 하여, 경역의 한계는 침범하기 어려운 일이라는 것을 알았으면 한다. 그 위에 서로가 신의를 지켜 오류나 비리(乖戾)를 범하지 않도록 행동했으면 한다고, 그러한 것을 [박경업은 답서에서] 말하고 있다. 지금 이 서한의 말(書辭)을, 보내 온 서한의 의문 4개조에 대한 회답으로 해서 다시 실어둔다. 자세한 경략은 다르다 하나, 대개 이와 같다. 만일 [이번에 의문을 가진] 일의 대략을 알고 싶다고 생각한다면, 이 [박경업의 답서] 하나(一書)로 [충분히]

足矣，安用許多焉蘇之說乎。其後

日本三度漂倭或稱徒漁于蘭陵嶌或稱漁採于竹

島而禮曹契差付漂倭於順歸船送回

羕州云，而不以犯越侵涉為責，前後遠義各有所

在頭倭之昧貴以循義者以探見形止有侵越之

情也漂船之漁只令順付歉況濶餘生之得速還

則資送是遠不暇問他與國之禮有當然者去豈有

容許我土之遠乎朴興業答書年月最父辭意

最詳實为可狀之文令當不究前後事狀之咎

足レリ矣安リ用ンヤ二許多クノ葛藤ノ之説ヲ一乎其ノ後
日本三度ノ漂倭或ハ称シ二徃テ漁スト二于欝陵島二一或ハ称ス二漁採スト二于竹
島二一而礼曹ノ書契並二付シテ二漂倭ヲ於順帰ノ船二一送回スト二
貴州二一云テ而不下以テ二犯越侵渉ヲ一為サ上レ責ト前後ノ意義各々有リレ所
レ在ル頭倭ノ之来責ルニ以スル二信義ヲ一者ハ以之下探見シ形止ヲ一有ヲ中侵越ノ之
情上也漂船ノ之泊スル只令ムル二レ順付セ者ハ沈溺ノ余生乞フレ得コトヲ二速二還
ランコトヲ一
則資送是レ急之不レ暇アラレ問フニレ他ヲ与国ノ之礼有リ下当二レ然ル者ノ上夫レ
豈二有ラン下
容許スルノ二我土二一之意上乎朴慶業カ答書年月最久シ辞意
最モ詳ナリ実二為二可キノレ拠ル之文ト一今者ハ不レ究シテ二前後事状ノ之各

足矣安用許多葛藤之説乎其後日本三度漂倭或称徃漁于欝陵島或称漁
採于竹島而礼曹書契並付漂倭於順帰船送回貴州云而不以犯越侵渉為
責前後意義各有所在頭倭之来責以信義者以探見形止有侵越之情也、
漂船之泊只令順付者沈溺余生乞得速還則資送是急不暇問他与国之礼
有当然者夫豈有容許我土之意乎朴慶業答書年月最久辞意最詳実為可
拠之文今者不究前後事状之各

足れり。安ぞ許多くの葛藤の説を用んや。其の後、日本三度の漂倭、
或は徃きて欝陵島に漁すと称し、或は竹島に漁採すと称す。而して礼
曹の書契、並に漂倭を順帰の船に付して貴州に送回すと云いて、犯越
侵渉を以て責と為さず。前後の意義各々在る所有り。頭倭の来、責る
に信義を以てするは、形止を探見し、侵越の情有るを以てこれ也。漂

船の泊する、只、順付を令るは、沈溺の余生、速に還らん事を得る事を乞う。則ち資送是れ急にして、他を問うに暇あらず。与国の礼、当に然るべきもの有り。夫れ豈に我が土に容許するの意有らん。朴慶業

が答書、年月最も久しく辞意最も詳なり。実に拠る可きの文と為し、今は前後の事状の各

足りる事である。幾多の葛藤[のような錯綜の]説を[わざわざここで]用いる必要は無い。その後、日本は三度の漂流倭人の件があり[その都度]或いは欝陵嶋に往き漁をすると称し、或いは竹嶋に渡り漁採すると称していた。[一島二名のゆえであり、我が国の欝陵嶋である事に違いはない。この三度の漂流倭人の件は、他国の民の悲惨な漂着であり]礼曹の書契は、等し並に、この漂流倭人を順帰の船に付け、貴州に送り返す事にした。[衰弱困窮のゆえ、敢えて]その犯越侵渉[の罪を問い]その責任を追究するような事はしなかった。前後の事情は各々に在る所で有り、倭人の頭目(船頭)の来航責任については、信義を以て対応し、島の形状を探索し侵越の意図が有るかどうかで判断した。ただ漂流船は[悲惨な状態で]流れ着いており、沈み溺れた者たちは、その助かった後は、速やかに国に帰還することを乞い願った。[彼らを貴国への渡航船に]順付させたのは[この哀れな者どもに憐憫の情を掛けたのであり、それゆえ]この資送を急いだのである。[このような際]その他[犯越侵渉]を問うような暇の有るわけは無かった。[救助を優先させたのは]友好国としての礼儀であり、当然行うべき事で有った。それがどうして我が領土を[放棄した事になり、我が国がそれを]容許した事になるので有ろうか。朴慶業の答書は、年月

が最も昔のものであり、その文言も最も詳しいものである。実に[この事に関する]典拠となる文章であろう。今、各々の事例で、その前後の事情の

만족할 것이다. 많은 갈등[과 같은 착종의] 설을 [일부러 여기서] 인용할 필요는 없다. 그 후로 일본은 3회의 표류 왜인 건이 있어, [그때마다] 혹은 울릉도에 가서 어렵을 한다고 하고, 혹은 죽도에 건너가 어채한다고 말하고 있었다. [1도 2명이었기 때문으로, 우리나라의 울릉도라는 것이 틀림없다. 이 3회의 표류 왜인 건은 타국 사람의 비참한 표착이라] 예조의 서계와 동등하게, 이 표류 왜인을 돌아가는 왜선에 실려 귀주로 돌려보내는 것으로 했다. [쇠약 곤궁하기 때문에 더 이상] 그 범월 침섭[의 죄를 물어] 그 책임을 추구하는 일은 하지 않았다. 전후의 사정은 각각 달라, 왜인의 두목(선두)이 내항한 책임에 대해서는 신의로 대응하여, 섬의 형상을 탐색하여 침월의 의도가 있는가 어떤가를 판단했다. 다만 표류선은 [비참한 상태로] 흘러 왔다. 물에 빠져 지친 자들은 구조된 후에는, 빨리 귀환할 것을 원하며 요구했다. [그들을 귀국하는 도항선에] 동승시킨 것은 [이 불쌍한 자들에게 연민을 느꼈기 때문에,] 이들의 이송을 서둘렀다. [이러할 때] 그 외의 [범월 침섭]을 묻는 것과 같은 여유 같은 것이 있을 리 없었다. [구조를 우선하게 했던 것은] 우호국으로서의 예의로, 당연히 해야 하는 일이었다. 그것이 어찌 우리 영토를 [방기한 일이고, 우리나라가 그것을] 허용한 일이 되겠는가. 박경업의 답서는 연월이 가장 오래된 것으로, 그 문언도 가장 자세한 것이다. 그야말로 [이 일에 관한] 전거가 되는 문장일 것이다. 지금 제각각의 사례로, 그 전후의 사정이

異只摘回荅措語之差殊有若諮問而究無數者此
豈誠信相接之義耶將遣公差往來搜撿事我
國與地勝覽書詳記新羅高麗及

本朝

太宗

世宗

成宗三朝屢遣宮人於島中之事且前日接慰宮作畫
夏下去時
貴州摠兵衙稱虎人高於譯官朴麟興日以輿地照

異ナルコトヲ一只摘ツテ二回答措クノレ語ヲ之差々殊ヲ一有テ下若ニ詰問シテ而究覈
スルカ一者ノ上然リノ此レ
豈ニ誠信相接スルノ之義ナランヤ耶時ニ遣シ二公差ヲ一徃来捜撿スルノ事我
国輿地勝覧ノ書詳ニ記スト新羅高麗及ヒ
本朝
太宗
世宗
成宗三朝屢タ遣スノ二官人ヲ於島中一之事ヲ上且ツ前日接慰官洪重
夏下去ル時キ
貴州捴兵衛ト称号スル人言ツテ二於訳官朴再興ニ一曰ク以テ二輿地勝

異只摘回答措語之差殊有若詰問而究覈者然此豈誠信相接之義耶時遣
公差徃来捜撿事我国輿地勝覧書詳記新羅高麗及本朝太宗世宗成宗三
朝屢遣官人於島中之事且前日接慰官洪重夏下去時貴州捴兵衛称号人
言於訳官朴再興曰以輿地勝

異なる事を究めず、只、回答、語を措くの差々殊を摘りて、詰問して
究覈するが若きもの有りて、然り、此れ豈に誠信相接するの義なら
んや。時に公差を遣し、徃来捜撿するの事、我が国、輿地勝覧の書、
詳に新羅、高麗、及び本朝、太宗、世宗、成宗の三朝、屢々官人を島
中に遣すの事を記す。且つ前日、接慰官洪重夏、下り去る時、貴州の
捴兵衛と称号する人、訳官の朴再興に言って曰く、輿地勝

異なる事を[一々]究明するような事はしない。回答するにおいて、た

だ[そのような]語り口は[この際]措いて置く。差違例や特殊例を[わざわざ]摘記し[それを例に挙げて]詰問し究明検覈(厳しく調べ考える)するような事が有っては[どうかと思うからである。]そのような事は、誠信の交わりによって相接する[両国交流の]本旨から言えば、大きく離れるのではなかろうか。我が国の輿地勝覧という書物には、時に公の使者を島に派遣し、この土地を往来し探索を行って来た事が、こと細かく書き記されている。すなわち新羅の時代、高麗の時代、及び本朝の太宗・世宗・成宗の三朝の時代、屢々官人が島中に派遣されていた事が、ここに明白に記されている。さらに言えば、以前、接慰官の洪重夏が[都から罷り]下っていたが[その重夏が東萊府から]去る時、貴州の惣兵衛と称する人が、訳官の朴再興に語った言葉として、輿地勝

다르다는 것을 [일일이] 설명하는 일은 하지 않는다. 회답하는 데 있어, 그저 [그러한] 이야기 형식은 [이번에는] 제쳐 둔다. 차이나 특수한 예를 [일부러] 적기하여 [그것을 예로 들어] 힐문하고 규면검핵(엄히 조사하고 생각한다)하는 것과 같은 일이 있으면 [어쩌겠는가 라고 생각하기 때문이다.] 그러한 일은 성신의 교류로 서로 접하는 [양국 교류의] 본질에 비추어보면, 크게 어긋나는 일이 아닌가. 우리나라의 여지승람이라는 서물에는, 때때로 사자를 섬에 파견하여, 그곳에 왕래하며 탐색하고 있었던 일이 자세히 기록되어 있다. 즉 신라시대, 고려시대, 그리고 본조의 태종·세종·성종 3대에 걸쳐 때때(屢々)로 관인이 섬에 파견되었던 일이, 이곳에 명백하게 기록되어 있다. 더 이야기하자면 이전에 접위관 홍중하가 [도성에서] 내려왔으나 [그 중하

가 동래부를] 떠날 때, 귀주의 소우베에라고 칭하는 자가 역관 박재
홍에게 이야기하는 것으로 해서, 여지승

覽觀之鬱陵島果是

貴國地近此書乃

貴州人亦常見而丁寧言說於稅人皆也近間公

差之不常徙來漁採之禁其通入為海賊之

多險故也今者會自前記載之書而不傷乃及

於彼我人之不相遇值於島中為疑不亦無乎

為二名云為朴愛業書中既有戰竹島夾我

國鬱陵島之稱王朴麻與正守俊相見前正守乃箋

我

覧ヲ観レハ〻レ之ヲ蔚陵島ハ果テ是レ

貴国ノ地ト云フ此ノ書乃チ

貴州ノ人所ニシテ〻嘗テ見ル〻而丁寧言説スル〻於我カ人〻者ナリ也近間公

差ノ之不サルハト常ニ徃来シテ〻漁氓ノ之禁セ中其ノ遠クスルコトヲ入上蓋シ為シテノ〻

海路ノ之

多キカ〻レ険故之也今者舎ステ〻ニ自リレ前記載ノ之書ヲ〻而不レ信セ乃チ反テ

以テ四彼我ノ人ノ之不サルヲ相逢値セ〻於島中ニ〻為レ疑ヲ不スヤ〻亦異ナラ〻乎一

島二名ト云フ者ハ朴慶業書中既ニ有リ〻礒竹島ハ実ニ我カ

国蔚陵島ノ之語〻且ツ朴再興与ト〻正官倭〻相見ル時正官乃発ス〻

我カ

覧観之蔚陵島果是貴国地云此書乃貴州人所嘗見而丁寧言説於我人者
也、近間公差之不常徃来漁氓之禁其遠入蓋為海路之多険故也今者舎
自前記載之書而不信乃反以彼我人之不相逢値於島中為疑不亦異乎一
島二名云者朴慶業書中既有礒竹島実我国蔚陵島之語且朴再興与正官
倭相見時正官乃発我

覧を以て之を観れば、蔚陵島は果たして是れ貴国の地と云う。此の

書、乃ち貴州の人、嘗て見る所にして、我が人の丁寧に言説する者

也。近間公差の常に徃来して漁氓の其の遠く入る事を禁ぜざるは、

蓋し海路の為の険多きが故也。今は前自り記載の書を舎てて信ぜ

ず、乃ち反って彼我の人の島中に相逢い値せざるを以て疑を為す。

亦異ならずや。一島二名と云うは、朴慶業の書中に既に礒竹島は実

に我が国蔚陵島の語と有り、且つ朴再興、正官倭と相見る時、正官

乃ち我が

覧を参照すれば、蔚陵島はまさに貴国の地であると、そのようにも
語っていた。この書物は貴州の人も以前から、よく見知っているも
ので、我が国の人が[我が国の土地を]丁寧に言説した書物である。近
頃、公の使者が常に島を往来[することを怠り]漁民がその遠方の島に
入る事を禁止しなかったのは、おそらく、その[往来における]海路の
険しさが原因であろう。[往来が少なくなった]今、以前から記載され
ていたこのような輿地書の内容は[貴国においては]捨て去られ、信用
されなくなってしまった。返って彼我の人が島中で遭遇しない事を
以て[我が朝鮮国の島であるという事を貴国は]疑うまでになった。こ
れは異様な事では無いだろうか。一島でありながら二つの名がある
と言うのは、朴慶業の書中に、既に、礒竹島は実に我が国の蔚陵嶋
であると、そのように島の名を語っている。且つまた朴再興が倭の
正官と会談した折、正官の言として、我が

람을 참고하면, 울릉도는 그야말로 귀국의 땅이라고 그렇게 말하고
있었다. 이 서물은 귀주사람들도 이전부터 잘 알고 있는 것으로, 우리
나라 사람이 [우리나라 토지를] 착실하게 언설한 서물이다. 근래에 공
적인 사자가 항상 섬에 왕래[하는 일에 소홀하여] 어민이 그 원방의
섬에 들어가는 것을 금지시키지 않았던 것은, 아마도 그 [왕래하는
데 있어] 해로가 험했기 때문일 것이다. [왕래가 많지 않았던] 지금,
이전부터 기재되어 있는 이러한 여지승람의 내용은 [귀국에서는] 버
려져, 신용받지 못하게 되고 말았다. 오히려 피아의 사람들이 섬 안에

서 조우하지 않았던 것을 가지고 [우리 조선국의 섬이라고 하는 것을
귀국은] 의심까지 하게 되었다. 이것은 이상한 일이 아닌가. 하나의
섬이면서 두 개의 이름이 있다고 말하는 것은, 박경업의 서중에, 이미
의죽도(礒竹島: 이소타케시마)란 실은 우리나라의 울릉도라고, 그렇
게 도명을 이야기하고 있다. 그리고 또 박재흥이 왜의 정관과 회담했
을 때, 정관이 말하기를, 우리

國芝峯類說之說，類可礙竹即，鬱陵島也無，別一島不

名之說雜，本載於我。

國書令番發其言端実、句、

鬱州正寫之口四答書契中所謂一島二名之狀非

徒我。

國書籍之所記。

鬱州人亦皆知之者乃指此而言也此豈可疑而請

問壽南年初度答書所謂

鬱界竹島弊境鬱陵島而貴省若以竹島與鬱陵

国芝峯類説ノ之説ヲ類説ニ曰ク礒竹即チ蔚陵島ナリ也然ラハ則一島二
名ノ之説雖ヘトモ三本載スト二於我カ
国ノ書ニ今番発スルモノ二其ノ言端ヲ実ニ自リス二
貴州正官ノ之口二回答書契ノ中所謂一島二名ノ之状非ス二
徒ニ我カ
国書籍ノ之所ロノミニ上レ記スル
貴州ノ人モ亦皆知ルト云レ之ヲ者ノハ乃チ措テレ此ヲ而言フナリ也此レ豈ニ可キ二疑
テ而請
問ス二者ナランヤ乎癸酉ノ年初度答書所謂
貴界ノ竹島弊境ノ蔚陵島ト云フ者ノハ有リ乙若キ二以下竹島ト与トヲ中蔚陵

国芝峯類説之説類説曰礒竹即蔚陵島也然則一島二名之説雖本載於我
国書今番発其言端実自貴州正官之口回答書契中所謂一島二名之状非
徒我国書籍之所記貴州人亦皆知之者乃措此而言也此豈可疑而請問者
乎癸酉年初度答書所謂貴界竹島弊境蔚陵島云者有若以竹島与蔚陵

国の芝峯類説の説を発す、類説に曰く、礒竹即ち蔚陵島也。然らば
則ち一島二名の説、我が国の書に本載すと雖えども、今番、其の言
端を発するもの、実に貴州正官の口自りす。回答書契の中、所謂一
島二名の状、徒に我が国書籍の記する所のみに非ず。貴州の人も亦
皆これを知ると云うは、乃ちこれを措いて言う也。此れ豈に疑いて
請問す可き者ならんや。癸酉の年、初度の答書、所謂、貴界の竹
島、弊境の蔚陵島と云うは、竹島と蔚陵

朝鮮国の芝峯類説という書物に載せる説を語ったと、そのように述べている。芝峯類説は、礒竹嶋は即ち蔚陵島であると[そのような事を書中に]記している。そのような事であるので、一島二名の説は、我が国の書に本々載せてはいるが、今回それに触れての発言は、実に貴州の正官の口からである。回答書契の中に、所謂一島二名という状態は徒に我が国の書籍の記す所だけでなく、貴州の人も又皆この事を知っていると、そのように言う部分があるが、これはすなわちこの事を指して言うのである。これをどうして疑い、こちらに質問してくるのであろうか。癸酉の年(元禄六年)に初度の答書[を送ることがあった。そこには]所謂貴界の竹島そして弊境の蔚陵島と言う[記載があった。だがこれは]竹島と蔚陵

조선국의 지봉유설이라는 서물에 실린 설을 이야기했다고, 그렇게 이야기하고 있다. 지봉유설은, 의죽도는 곧 울릉도라고 [그러한 일을 서중에] 기록하고 있다. 그러한 일인데도, 1도 2명의 설은, 우리나라의 책에 원래부터 실려 있는데, 이번에 그것을 언급하는 발언은, 그야말로 귀주 정관이 말한 것이다. 회답하는 서계 중에, 소위 1도 2명이라는 상태는 단지 우리나라의 서적이 기록하는 것만이 아니라, 귀주인들도 모두 이 사실을 알고 있다고, 그렇게 말하는 부분이 있는데, 이것은 곧 이 일을 가리켜 말하는 것이다. 이것을 어떻게 의심하고, 이쪽에 질문할 수 있는 일인가. 계유년(겐로쿠 6년)에 처음으로 답서[를 보낸 일이 있었다. 그곳에는] 소위 귀계의 죽도 그리고 폐방의 울릉도라고 하는 [기재가 있었다. 그러나 이것은] 죽도와 울릉

島爲一島者然此所其將南宮之官不詳故事

之致、

朝廷左袒其失言矣此際

貴州出送其書而請改故

朝廷因其請而改之以正初書之失到今唯此一以

改送之書特儀而已初書既以爲誤而改之則

何足爲今日樂商之端乎此外煩縈不能黽後

伏惟諒之、

乙未六月　日

東萊

島上為スカ一レ二島ト者甲然トモ此レ乃チ其ノ時南宮ノ之官不レ詳セ二故事ノ
之致ヲ一
朝廷方ニ咎ム二其ノ失言ヲ一矣此ノ際
貴州出送ニ其ノ書ヲ一而請フレ改メンコトヲ故ニ
朝廷因テ二其ノ請ニ一而改メテレ之ヲ以テ正ス二初書之失ヲ一到テレ今ニ唯当ニ下
一ニ以二
改メ送ルノ之書ヲ一考フレ上レ信ヲノミ而已初書既ニ以テレ錯誤ヲ而改ルトキハレ之ヲ則
何ゾ足ンヤレ為スルニ二今日憑問ノ之端ト一乎此ノ外煩絮不レ能ハ二悉ク復スルコト一
并ニ惟レ諒セヨレ之ヲ
　乙亥六月　日　　　　　　　　東莱

島為二島者然此乃其時南宮之官不詳故事之致朝廷方咎其失言矣此際
貴州出送其書而請改故朝廷因其請而改之以正初書之失到今唯当下一
以改送之書考信而已初書既以錯誤而改之則何足為今日憑問之端乎此
外煩絮不能悉復并惟諒之
　乙亥六月日　　　　　　　東莱

島とを以て二島と為すが若（ごと）き者有り。然れども此れ乃ち其の時、南宮
の官、故事の致るを詳らかにせず、朝廷方、其の失言を咎む。此の
際、貴州其の書を出送し、而して改めん事を請う。故に朝廷、其の請
に因りて、これを改めて以て初書の失を正す。今に到りて、唯、当（まさ）に
一に改め送るの書を以て信を考うべき而已（のみ）。初書、既に錯誤を以て、
これを改る時は、則ち何ぞ今日憑問の端と為すに足らんや。此の外、

煩絮、悉く復する事能わず。并に惟れ、これを諒とせよ。
　　乙亥 六月 日　　　　　　　　東莱

島とを二島[と見なすような表現]であった。しかしこれは、その時、南宮(礼曹)の官が故事にある事を詳らかにせず[そのまま記載したもので]朝廷方はそれが失言[であるゆえ、この南宮]を咎めた。この際、貴州は、その[不審の]書を[こちらに]出送し、これを改める事を要請して来た。それゆえ朝廷は、その要請により、これを改めることで、初度の答書の失言を訂正した。今に到れば[二度の答書は]当に唯一つに改正され送付された答書となった。その[改正され送付された]答書の[記載を]信頼すべきである。初度の答書は、既に錯誤を以て記載されていた。これを改めた今日、どうしてこれに憑り付き[なおも]疑問の発端とするのであろうか。[もうその必要は無い筈である。]この外、煩雑な絮説(くだくだしい話)に対し、その悉くに復答する事はできない。横並び[の同様の回答]となるので、そのように考えて、この事を諒解されたい。
　　乙亥(元禄八年) 六月 日　　　　　東莱

　도를 2도[로 간주하는 듯한 표현]이었다. 그러나 이것은 그때의 남궁(예조)관이 고사에 있는 일을 자세히 알지 못하여 [그렇게 기재한 것으로] 조정은 그것이 [실언이기 때문에, 그 남궁을] 처벌했다. 이때 귀주는 그 [이상한] 서계를 [우리 쪽에] 보내어, 이것의 개정을 요청해 왔다. 그렇기 때문에 조정은 그 요청에 따라 이것을 개정하는 것으로, 처음 답서의 실언을 정정했다. 지금에 이르기까지 [두 번의 답서는] 그야말로 단 하나로 개정하여 송부한 답서가 되었다. 그 [개정하여 송부된] 답서의 [기재를] 신뢰해야 한다. 처음의 답서는 이미 착오하여 기재되었다. 이것을 개정한 오늘, 어찌하여 이것을 근거로 [아직도] 의문의 발단으로 삼는다는 말인가. [이미 그럴 필요가 없다.] 이 외의 번잡한 서설(絮説: 구차한 이야기)에 대해, 일일이 회답할 수는 없다. 같은 [내용의 회답]이 되기 때문에, 그렇게 생각하고, 이 일을 양해했으면 한다.

　을해(겐로쿠 8년) 6월 일　　　　　　　　동래

在与萬方　再答　有　記

(35-11)

〃右与左衛門方より再答書付左記之

(35-11)

〃右[に記した東莱からの回答書に対し]与左衛門方から再答の書付
が出された。それを左に記す。

(35-11)

〃위[에 기록한 동래에서 보낸 회답서에 대해] 요자에몬 측에서 재
답의 서부를 보내셨다. 그것을 아래에 기록한다.

今月十日某去和館乘船徊于絕影島下將忠去和
舘時何與二木書於裁判欲以渡海之日送呈于
府使大人今日裁判送達
開示書於船上某謹讀之，
開示不明是所謂過而順之又便而桅之辭者
也
開示不明之旨越論之如左，
開示書八十二年前屑辭載於来屑蒙問第四条

今月十日某シ去テニ和館ヲ乗リレ船ニ泊スニ于絶影島ノ下ニ将ニスルレ去ト
ニ和
館ヲニ時付与シテニ一本ノ書ヲ於裁判ニ欲下以テニ渡海ノ之日ヲ送呈セントニ于
府使大人ニ今日裁判送達スニ
開示ノ書ヲ於船上ニ某シ謹テ読ムニレ之ヲ
開示不スレ明ナラ是レ所謂過チ而順ヒレ之ニ又従テ而為ツクル之ニ之カ辞ヲ者
也
開示不ルノレ明ナラ之旨趣論スルコトレ之ヲ如シレ左ノ
開示ノ書ニ八十二年前ノ書辞載スニ於来書ノ疑問ノ第四条ニ

〔真文〕

今月十日某去和館乗船泊于絶影島下将去和館時付与一本書於裁判
欲以渡海之日送呈于府使大人今日裁判送達開示書於船上某謹読之開
示不明是所謂過而順之又従而為之辞者也開示不明之旨趣論之如左開
示書八十二年前書辞載於来書疑問第四条

〔読み下し文〕

今月十日、某、和館を去りて船に乗り、絶影島の下に泊す。将に
和館を去らんとする時、一本の書を裁判に付与し、渡海の日を以て
府使の大人に送呈せんと欲す。今日裁判、開示の書を船上に送達
す。某、謹んで之を読むに、開示明ならず。足れ所謂過ちて之に順
い、又従って之が辞を為る者也。開示明ならざるの旨趣、之を論ず
る事、左の如し。開示の書に八十二年前の書辞、来書の疑問の第四
条に載す。

〔現代語訳〕

今月十日、拙者は和館を退去し、船に乗り出港し、絶影島に碇泊した。まさに和館を去ろうとした時、一本の書を裁判に預け置いた。拙者が渡海する日に、これを府使の大人に送呈するよう[裁判に]依頼した。今日、裁判が[疑問四箇条に対する返事となる]開示の書を[拙者の乗る]船上に送達して来た。拙者は謹んでこれを読んだが、その開示[の内容は]明確なものではない。これは所謂(いわゆる)、誤謬のまま[改める事なく、そのままに]順(したが)い、またその[誤謬の]ままを[誤謬に]従って[そのままに]文辞を為(つく)る、というようなものだからであろう。[そのような]開示[の内容であるため、当然問題が多い。その文辞の問題点、その]明確でない理由を[具体的に例を挙げて]左に掲げて置く。

この開示の書は、八十二年前の書辞を、来書疑問第四条に[対する回答として]載せている。

이달 10일에 졸자는 화관을 퇴거해서 배를 타고 출항하여 절영도에 정박했다. 막 화관을 떠나려고 했을 때, 1통의 서를 재판에게 맡겨 두었다. 졸자가 도해하는 날에, 이것을 부사 대인에게 송정하도록 [재판에게] 의뢰했다. 오늘 재판 [타카세 하치에몬]이 [의문 4개조에 대한 회답이 되는] 개시(설명하여 일러주는)의 서부를 [졸자가 탄] 선상에 송달해 주었다. 졸자는 삼가 이것을 읽었다. 그러나 그 개시의 [내용은] 명확한 것이 아니다. 이것은 소위, 오류 그대로 [개정하는 일 없이 그대로]이고, 또 그 [오류] 그대로를 [오류에] 의거하여 [그대로] 문언으로 만들었다고 하는 것과 같은 것이기 때문이다. [그러한] 개시

[의 내용이기 때문에, 당연히 문제가 많다. 그 문사의 문제는, 그] 명
확하지 않은 이유를 [구체적으로 열거하여] 아래에 들어둔다.

이 개시의 서부는 82년 전의 서사를, 의문 4개조에 [대한 회답으로
해서] 싣고 있다.

若欲解此事源委此一番豈兵安用許多為藤之設等云

欲知此事源委此一番豈與之語不察事理之患

也八十二年前昏即述新羅高麗

國初彼島屬乎

貴國之事而已彼島屬乎

本邦昔八十年來之事則何以八十二年前昏為

盡今番一件之源委乎

開示昔漂船之渡只今順付者沉溺餘生乞得速

還則資送是豈不暇問他與國之禮有當然者矣

若シ欲セハレ知ント二此ノ事ノ源委ヲ一此ノ一書足レリ矣安リ用ンヤト二許多クノ葛
藤ノ之説ヲ一乎云フ
欲セハレ知ント二此ノ事ノ源委ヲ一此ノ一書ニ足レリト云フ矣之語不ルノレ察セ二事
理ヲ一之甚シキ之
也八十二年前ノ書ハ即チ述ルト下新羅高麗
国初彼ノ島属スルノ二于
貴国ニ一之事ヲ上而已彼ノ島属スル二于
本邦ニ者ノハ八十年来ノ之事ナルトキハ則何ヲ以テ二八十二年前ノ書ヲ一為センヤレ
尽スト下今番ノ一件ノ之源委ヲ上乎
開示ノ書ニ漂船ノ之泊スル只令ムル二順付セ者ハ沈溺ノ余生乞フトキハレ淂二速ニ
還ルコトヲ一則資送是レ急之不レ暇アラレ問フニレ他ヲ与国ノ之礼有リ二当ニレ然
ル者一夫レ

若欲知此事源委此一書足矣安用許多葛藤之説乎云欲知此事源委此一
書足矣之語不察事理之甚也八十二年前書即述新羅高麗国初彼島属于
貴国之事而已彼島属于本邦者八十年来之事則何以八十二年前書為尽
今番一件之源委乎開示書漂船之泊只令順付者沈溺余生乞淂速還則資
送是急不暇問他与国之礼有当然者夫

若し此の事の源委を知らんと欲せば、此の一書に足れり。安ぞ許多
くの葛藤の説を用んやと云う。此の事の源委を知らんと欲せば、此
の一書に足れりと言うの語、事理を察せざるの甚だしき也。八十二
年前の書は即ち新羅、高麗、国初、彼の島の貴国に属するの事を述

べる而已。彼の島、本邦に属するのは八十年来の事なる時は、則ち何ぞ八十二年前の書を以て、今番の一件の源委を尽すと為せんや。

開示の書に漂船の泊する、只、順付令むる者、沈溺の余生、速やかに還る事を得て乞う時は、則ち資送是れ急にして、他を問うに暇あらず。与国の礼、当に然るべき者有り。夫れ

すなわち「もし[今回の疑問となった]事の源委(あらまし)を知りたいと望むのであれば、この[朴慶業の答書]一書を見れば[充分に]こと足りる。どうして幾多の葛藤[のような錯綜の]説を[わざわざ]用いる必要があろうか」と、このように言う。[だがこの部分については問題がある。]この事の源委を知りたいと望むのであれば、この一書で足りると言う文言は、実に甚だしく事理を[欠き、事情を]察していない。八十二年前の書は、まさに新羅、高麗、そして朝鮮の国初に、彼の島が貴国(朝鮮)に属する事を述べるのみである。彼の島が本邦(日本)に属するのは[それ以後の出来事で、すなわち]八十年来の出来事である。それを、どうして八十二年前の書を以て、今回の一件の源委を尽す事とするのであろうか。

　また開示の書には「漂流船が[悲惨な状態で]流れ着いた時、沈み溺れた者たちは、その助かった後は、速やかに国に帰還することを乞い願った。[彼らを貴国への渡航船に]順付させたのは、この資送を急いだのであって、その他[犯越侵渉]を問うような暇は[このような際に]有るわけは無い。[救助を優先させるのは]友好国としての礼儀であり、当然行うべき事で有った。

즉 「만일 [이번에 의문이 된] 일의 대개(源委)를 알고 싶다고 하는 바람이라면, 이 [박경업의 답서] 일서를 보면 [충분]하고도 남는다. 어찌하여 여타의 갈등[과 같은 착종의] 설을 [일부러] 인용할 필요가 있겠는가」라고, 이렇게 말했다. [그러나 이 부분에는 문제가 있다.] 이 일의 대개를 알고 싶다고 하는 바람이라면, 이 일서로 충분하다고 하는 문언은, 참으로 사리[에 벗어난, 사정을] 알지 못하고 있다. 82년 전의 서부는, 그야말로 신라, 고려 그리고 조선의 초기에, 그 섬이 귀국(조선)에 속한다는 것만을 이야기했을 뿐이다. 그 섬이 본방(일본)에 속하는 것은 [그 이후에 생긴 일로, 즉] 82년 이래에 생긴 일이다. 그것을 어찌하여 82년 전의 서부를 가지고, 이번 일건의 근원(源委)을 설명하는 일로 하려는 것인가.

또 개시의 서부는 [표류선이 비참한 상태로] 유착했을 때, 허약해진 자들은, 구조된 후에, 빨리 나라로 송환해줄 것을 원했다. [그들을 귀국의 도항선에] 태워보낸 것은, 수습하여 이송(資送)하는 것을 서둘렀기 때문으로, 그 외에 [범월 침섭]을 묻는 것과 같은 여유는 [이러할 때] 있을 리 없다. [구조를 우선한 것은] 우호국으로서의 예의이고 당연히 그래야 하는 일이었다.

豈有容許我土之意乎云

八十二年前言可容許他人之冒居以啓鬪釁

那則無七十八年前開使往來而容許之之理

矢其說先自所呈疑問答許述之而今

開示昏墊沈溺餘生乞得速還則貧送是豈

不服問他與國之禮有當然者是乃漁採之

竆也所謂禮者何禮乎非禮之禮大人不為

某竊嘆

貴判照

豈ニ有ンヤト下容許スルノ二我土ヲ一之意上乎云フ

八十二年前ニ言フトキハ乙可シト容許シテ二他人ノ之冒居ヲ一以テ啓ク中闔寰ヲ上耶ヤト中則無シ下七十八年前聞テ二他人徃テ漁トリスルヲ一而容許スルノ二之ヲ一之理上

矣其ノ説先日所レ呈スル疑問ノ書ニ詳ニ述フレ之ヲ而ルニ今

開示ノ書言フト沈溺ノ余生乞フトキハレ淂ント二速ニ還ルコトヲ一則資送是レ急ニ不レ暇アラレ問フニレ他ヲ与国ノ之礼有リト中当ニキレ然ル者ノ上是レ乃チ遁辞ノ窮スルノ之也所謂ユル礼ハ者何ノ礼ソヤ乎非礼ノ之礼大人ハ不レ為セ

某窃カニ嘆スニ三

貴国ノ無キコトヲ二

豈有容許我土之意乎云八十二年前言可容許他人之冒居以啓闔寰耶則無
七十八年前聞他人徃漁而容許之之理矣其説先日所呈疑問書詳述之而今
開示書言沈溺余生乞淂速還則資送是急不暇問他与国之礼有当然者是乃
遁辞之窮也、所謂礼者何礼乎非礼之礼大人不為其窃嘆貴国無

豈に我が土を容許するの意有らんやと云う。八十二年前に他人の冒居を容許して、以て闔寰を啓くべし耶と言う時は、則ち七十八年前、他人の徃きて漁りするを聞きて、これを容許するの理無し。其の説、先日呈する所の疑問の書に、詳にこれを述ぶ。而るに今、開示の書、沈溺の余生、速やかに還る事を得んと乞う時は、則ち資送是れ急にして他を問うに暇あらず。与国の礼、当に然るべき者の有りと言う。是れ乃ち遁辞の窮するこれ也。所謂礼は何の礼ぞや。非礼の礼、大人は為せず。某、窃かに貴国の開示の辞は無き事を嘆ず也。

それがどうして我が領土を[放棄した事になり、我が国がそれを]容許した事になるので有ろうか」と、このようにも言う。だが八十二年前、他人が勝手に入り込んで来て、ここに居住し、閙寡(賑わったりさびれたりの日常生活)を拓く事を認めるものではないと言うが、そのように言う時[その直後の]七十八年前、他人が島を往来し、ここで漁りすると言う事を聞いて、これを容許するというのは[全く首尾一貫せず]理屈の通らない事である。その説については[すでに]先日送呈した疑問の書において[こちらは]詳かに述べておいた。[それゆえ今一度、これを参照していただきたい。]しかしながら、今、開示の書は「沈み溺れた者たちが、その助かった後、速やかに帰還する事を乞い願った時、この資送を急いだのであって、その他[犯越侵渉]を問うような暇は無かった」と、このように言う。また「[救助を優先させるのは]友好国としての礼儀であり、当然行うべき事であった」とも言う。だがこのような説明は、言葉に詰まっての、言い逃れの言である。[それを言うなら]所謂[両国の間の]礼儀とは[いったい]どのような礼儀であるのか。[そのことを問い質したい。]非礼となるような礼儀を[拙者との交渉の間に、接慰官や]東莱府使の大人は、行ってはいなかったのか。[そうではあるまい。]拙者は密かに思うのであるが[疑問四箇条に対する]貴国の開示の文言は[全く内容の無いもので、あたかも]存在しないも同前のものである。その事を[深く貴国のために]嘆くのである。

그것이 어찌 우리 영토를 [방기한 일이 되고, 우리나라가 그것을] 허용하는 일이 되겠는가]라고, 그렇게도 말했다. 그러나 82년 전에 타인이 멋대로 들어와서, 이곳에서 어렵을 한다고 하는 것을 듣고, 이곳에 거주하여 요과(鬧寡: 붐볐다가 한적했다 하는 일상생활)를 여는 일을 인정할 수 없다고 말하나, 그렇게 말할 때 [그 직후의] 78년 전에 타인이 섬에 왕래하며, 이곳에서 어렵을 한다고 하는 것을 듣고, 이것을 허용한다고 하는 것은 [전혀 수미가 일관하지 않아] 이치가 통하지 않는 일이다.

[그 설에 대해서는 이미] 선일에 보낸 의문서에서 [이쪽은] 자세히 이야기해 두었다. [그러하니 지금 다시 한 번 이것을 참조해 주었으면 한다.] 그러나 지금 해명한 서부는 [쇠약해진 자들이 구원된 후에, 빨리 귀환하는 것을 원했을 때, 수습하여 보내는 것을 서둘렀기 때문에, 그 외에 [범월 침섭을] 따지는 것과 같은 여유가 없었다]라고, 이렇게 말한다. 또 [구조를 우선으로 하는 것은] [우호국으로서 예의로, 당연히 그렇게 해야 했다]라고도 말한다. 그러나 이러한 설명은, 할 말이 없어서, 본질을 떠나 회피하는 말이다. [그렇게 말한다면] 소위 [양국 간의] 예의란 [도대체] 어떤 예의인가. [그것을 질문하고 싶다.] 비례가 될 것 같은 예의를 [졸자와 교섭하는 사이에 접위관이나] 동래부사의 대인들은, 하고 있지 않았던가. [그렇지 않았다.] 졸자가 가만히 생각하건데, [의문 4개조에 대한] 귀국이 해명하는 문언은 [전혀 내용이 없는 것으로, 마치] 존재하지 않는 것과 같다. 그것을 [깊이 귀국을 위해] 한탄하는 것이다.

開示,啓,摠兵衛言:於朴所,興曰以輿地勝覽觀之,
鬱陵島果是貴国地云,此領乃貴州人所業見,兩
丁寧言說,於我人者也云,

●摠兵衛所言,即,鬱陵島古屬于
貴國之事,以輿地勝覽觀之之意也,輿地勝覽
即,六百年前之舊竹籍而彼島屬于
本邦者八十年来之事也,以輿地勝覽爲,令番一件,
之證驗,何其不察古今之變易躰乎,

開示之辞也

開示書惣兵衛言於朴再興曰以輿地勝覧観之

蔚陵島果是貴国地云此書乃貴州人所嘗見而

丁寧言説於我人者之也云

惣兵衛所言即蔚陵島古属于

貴国之事以輿地勝覧観之之意也輿地勝覧

即二百年前之書籍而彼島属于

本邦者八十年来之事之也以輿地勝覧為今晩一件

之証験何其不察古今之変易乎

開示之辞也開示書惣兵衛言於朴再興曰以輿地勝覧観之蔚陵島果是貴国地云此書乃貴州人所嘗見而丁寧言説於我人者也云惣兵衛所言即蔚陵島古属于貴国之事以輿地勝覧観之之意也輿地勝覧即二百年前之書籍而彼島属于本邦者八十年来之事也以輿地勝覧為今晩一件之証験何其不察古今之変易乎

開示の書に惣兵衛、朴再興に言て曰く、輿地勝覧を以て之を観れば、

蔚陵島は果して是れ貴国の地と云う。此の書は乃ち貴州の人、嘗て見る所にして、丁寧に我が人に言説する者これ也と云う。惣兵衛が言う所は、即ち蔚陵島、古は貴国に属するの事、輿地勝覧を以て之を観ると言うの意これ也。輿地勝覧は即ち二百年前の書籍にして、彼の島の本邦に属する者は八十年来の事也。輿地勝覧を以て今晩の一件の証験と為する、何ぞ其れ古今の変易を察せざるをや。

また開示の書には[こちらの]惣兵衛が朴再興に対し、話し掛けた言葉に「輿地勝覧を参照すれば蔚陵島はまさに貴国(朝鮮)の地である」と、そのように語ったと記す。また「この輿地勝覧の書物は、貴州(対馬)の人も以前から、よく見知っているもので、我が朝鮮国の人が[我が国の土地を]丁寧に言説した書物である」と、そのようにも記す。だが惣兵衛が言う所は、即ち蔚陵島は古い昔、貴国(朝鮮)に属するという事が輿地勝覧を参照すれば分かると、そのように言っただけの意味である。輿地勝覧は即ち二百年前の書籍であり、彼の島が本邦(日本)に属するようになったのは八十年来の事である。輿地勝覧を以て、今回の一件の証拠の験とするようなことは、古今の変移[つまり時代の変遷]と言うことを、まるで理解していない事から[の発想]である。

또 개시의 서부에는 [이쪽의] 소우베에가 박재흥에게 이야기한 말 가운데 「여지승람을 참조하면 울릉도는 그야말로 귀국(조선)의 땅이다」라고, 그렇게 말했다고 기록했다. 또 「여지승람이라는 서물은 귀주(쓰시마)의 사람들도 이전부터 잘 알고 있는 것으로, 우리 조선사람이 [우리나라 토지를] 바르게 언설한 서물이다」라고, 그렇게 기록했다. 그러나 소우베에가 말하는 것은, 즉 울릉도는 오랜 옛날에 귀국(조선)에 속한다는 것을 여지승람을 참조하면 알 수 있다고, 그렇게 말했을 뿐이다. 여지승람은 200여 년 전의 서적으로, 이 섬이 본방(일본)에 속하게 된 것은 80년래의 일이다. 여지승람을 가지고 이번 일건의 증거의 표시로 삼으려고 하는 일은, 고금의 변이 [즉 시대의 변천]이라고 하는 것을, 전혀 이해하고 있지 않은 것에 의한 [발상]이다.

閘示脣時遠公差往來搜撿來我國輿地勝覽序
詳記新羅麗及李朝慶遠宮人於島中之事並問
公差之不常往來進為海路之多險故也至若家
自新記載之盡而不係以及以彼我人之不相往還
於島中為疑存亦異乎以
輿地勝覽記新羅衛氏
國初遠宮人於島中之事皆不可州令藥一件
之證瑜八十年未我
國辺民年年往漁于新島亦常興

開示ノ書ニ時ニ遣テ公差ヲ徃来捜撿スル事ト我ガ国輿地勝覧ノ書ニ
詳ニ記スト新羅高麗及ヒ本朝屡々遣ルノ官人ヲ於島中ニ之事トヒ近間
公差ノ之不ニ常ニ徃来セ蓋為シテノ海路ノ之多キカ険故ヘニ也今者舎テニ
自前記載ノ之書ニ而不信セ乃テ反テ以テ彼我ノ人ノ之不中相ヒ逢ニ値セ上
於島中ニ為スレ疑ヲ不ヤトニ亦異ナラニ乎云フ
輿地勝覧記スト新羅高麗
国初遣ルノ官人ヲ島中ニ之事ヲ者不レ可レ為スニ今番一件ノ
之証験トニ八十年来我
国ノ辺民年々徃漁シニ于竹島ニ未ト曾テ与トニ

開示書時遣公差徃来捜撿事我国輿地勝覧書詳記新羅高麗及本朝屡遣
官人於島中之事近間公差之不常徃来蓋為海路之多険故也今者舎自前
記載之書而不信乃反以彼我人之不相逢値於島中為疑不亦異乎云輿地
勝覧記新羅高麗国初遣官人島中之事者不可為今番一件之証験八十年
来我国辺民年々徃漁于竹島未曾与

開示の書に時に公差を遣して徃来捜撿する事と、我が国、輿地勝覧
の書に詳に、新羅、高麗、及び本朝、屡々官人を島中に遣する事を
記す。近頃、公差の常に徃来せず。蓋し海路の険多きが為の故也。

今は、前より記載の書を舎てて信ぜず、乃ち反って彼我の人の島中
に相逢い値わざるを以て疑を為す。亦異ならずやと云う。輿地勝
覧、新羅、高麗、国初、官人を島中に遣するの事を記すは、今番の

一件の証験と為すべからず。八十年来、我が国の辺民、年々竹島に
徃漁し、未だ曾て

また開示の書は言う。「時に公の使者を派遣し、島に往き、島内を捜検して来た。それは我が国の興地勝覧の書に詳に記されている。新羅、高麗、及び本朝において、屢々官人が島中に派遣されて来た。近頃、公の使者が常に島を往来[することを怠る]ようになったのは、その[往来における]海路の険しさが原因であろう。[往来が少なくなった]今、以前から記載されていたこのような興地書の内容が[日本では]捨て去られ、信用されなくなってしまった。返って彼我の人が島中で遭遇しない事を以て[我が朝鮮国の島であるという事を日本は]疑うまでになった。これは異様な事では無いか」と。[そのように開示の書は]言う。だが興地勝覧が、新羅の時代、高麗の時代、国初の時代、官人を島中に派遣した事を記すのは[以前の話であって]今回の一件の証拠の験とすることは[先にも述べたように、とても]認めることはできない。この八十年来、我が国の辺民が年々竹島に往来し、この島で漁を営んで来たが、その間、未だかつて

또 개시의 기술은 말한다. 「자주 공적으로 사자를 섬에 파견하여 도내를 수검해 왔다. 그것은 우리의 여지승람에 자세히 기록되어 있다. 신라, 고려 및 본조에서 가끔 관인을 섬에 파견해 왔다. 근래 공적인 사자가 자주 섬에 왕래[하는 일에 태만한] 것처럼 된 것은, 왕래하는 해로가 위험한 것이 원인일 것이다. [왕래가 적게 된] 지금, 이전부터 기록되어 있었던 이러한 여지승람의 내용이 [일본에서는] 버려져, 신용하지 않게 되어 버렸다. 오히려 피아의 사람들이 섬 안에서 조우하지 않는 것을 가지고 [우리 조선국의 섬이라고 하는 것을 일본은] 의심하기에 이르렀다. 이것은 이상한 일이 아닌가」라고 [그렇게 개시의 서]는 말한다. 그러나 여지승람이 신라시대, 고려시대, 국초의 시대에 관인을 섬 중에 파견한 일을 기록하는 것은 [이전의 이야기로] 이번 일건을 증거하는 표시로 하는 것은 [앞에서도 이야기한 것처럼 아무래도] 인정할 수가 없다. 이 80년래, 우리나라 변민이 연년 죽도에 왕래하며, 이 섬에서 어렵해 왔으나, 그 사이에, 아직 과거에

貴國不產相連于彼為已矣

答卻有將遺公產往來投擲之諮是乃所

以為疑問也今

開示啟以與地勝覽為證顯則今之

答啟言聯遺公產往來授擺者豈不有為堂

內之議乘不能

開示县之所問而卻答

辱中辞疑二變問者果篇内

貴國取之

貴国ノ公差ト相逢ザ于彼ノ島ニ而今ノ之
答書却テ有リト時ニ遣テニ公差ヲ徃来捜撿スルノ之語上是乃所ニ
以之為スニ疑問ヲ也今
開示ノ書ニ以テニ輿地勝覧ヲ為ストキハニ証験ト則今ノ之
答書言フト時ニ遣テニ公差ヲ徃来捜撿スト者豈ニ不レ有ラ為スニ虚
偽ノ之説ヲ乎不シテレ能ハ三
開示スルコトヲニ某カ之所ヲレ問ヲ而却テ著ハス二
書中辞意ノ之虚偽ヲ者ノ某窃ニ為シテニ
貴国ニ恥ツレ之ヲ

貴国公差相逢于彼島而今之答書却有時遣公差徃来捜撿之語是乃所以
為疑問也今開示書以輿地勝覧為証験則今之答書言時遣公差徃来捜撿
者豈不有為虚偽之説乎不能開示某之所問而却著書中辞意之虚偽者某
窃為貴国恥之

　貴国の公差と彼の島に相い逢わず。而して今の答書、却って時に公
差を遣して徃来捜撿するの語有り。是すなわち疑問を以て為す所
也。今、開示の書に輿地勝覧を以て証験と為す時は、則ち今の答
書、時に公差を遣して徃来捜撿すと言うは、豈に虚偽の説を為すに
有らずや。某が之を問う所を開示する事能わずして、却って書中辞
意の虚偽を著わすは、某、窃（ひそか）に貴国の為にこれを恥ず。

　貴国の公の使者と、彼の島で遭遇したような事実は無い。それゆえ
今回の答書には、返って[訝しく思う部分がある。すなわち]時に公の

使者を派遣し島を往来捜検すると言う文言が有るが[このことを]疑問
に思うのである。今、開示の書にある、興地勝覧を例に挙げ証拠の
験^{しるし}とするような事は[全くの誤りである。]つまり今回の答書にある、
時に公の使者を派遣し島の往来捜検をすると言うのは、まさに虚偽
の説として[そちらが]作り出したものであろう。拙者がこの事実を問
うた所、その回答を開示する事ができず、返って書中の文言に[この
八十年来、なお往来捜検を思わせるような]虚偽の記載をするように
なった。拙者は密かに、貴国のためを思い、この事を恥ずかしく思
う。

귀국의 공적인 사자를, 그 섬에서 조우하는 것과 같은 사실이 없었다.
그렇기 때문에 이번 답서에는 오히려 [이상하게 생각하는 부분이 있
다. 즉] 자주 사자를 파견하여 섬에 왕래하며 수검한다는 문언이 있
으나 [이 일을] 의문으로 생각하는 것이다. 지금 개시의 서에 있는 여
지승람을 예로 들어 증거로 삼는 것과 같은 일은 [아주 틀린 일이다.]
즉 이번의 답서에 있는, 자주 사자를 섬에 파견하여 왕래 수검한다고
말하는 것은, 그야말로 허위의 이야기로 [그쪽이] 만들어낸 것일 것이
다. 졸자가 이 사실을 물었는데, 그 회답을 개시하지 못하고, 오히려
서중 문언에 [이 80년래, 아직도 왕래 수검하는 것처럼 생각하게 하
는 것과 같은] 허위 기재를 하게 되었다. 졸자는 은밀히 귀국을 위한
생각을 하며, 이 일을 부끄럽게 생각한다.

開示唇朴再興與正官相見時正官乃謂我國地

峯顯說之說顯說曰磯竹即蔚陵島也然則一島

二為之說雖不戢於我國僚令唐突其言端

實係貴州正官之口迎答唇襲中所謂一島二

名之狀非徒我國屬籍之所記貴州人亦皆

知之者乃將此以蓋可疑乎諸例者彩云

具興朴再興相見將發芝峯顯說之說諸

歡使

貴國知蔚州有芝峯顯說合也然吳自以為

開示ノ書ニ朴再興与二正官一相見スル時正官乃チ発ス二我ガ国芝

峯類説ノ之説ヲ一類説ニ曰ク礒竹ハ即チ蔚陵島之ト也然ラハ則一島

二名ノ之説雖ヘトモ三本ト載スト二於我ガ国ノ書ニ一今番発スル二其ノ言端ヲ一

実ニ自リス二貴州正官ノ之口ニ一回答書契ノ中所謂一島二

名ノ之状非ス二徒ニ我国書籍之所ノミニ一レ記スル貴州ノ人モ亦皆

知ルト云レ之ヲ者ノハ乃チ指シテ此ヲ而言フ之也此レ豈ニ可キ二疑テ而請問ス一者

ナランヤト乎云フ

某与二朴再興一相見スル時発スル二芝峯類説ノ之説ヲ一者ノハ

欲シテ之レ使シテント四

レ貴国知ラ二弊州有ルコトヲ二芝峯類説ノ書一也然トモ某シ自ラ以為ク

開示書朴再興与正官相見時正官乃発我国芝峯類説之説類説曰礒竹即
蔚陵島也然則一島二名之説雖本載於我国書今番発其言端実自貴州正
官之口回答書契中所謂一島二名之状非徒我国書籍之所記貴州人亦皆
知云之者乃指此而言也此豈可疑而請問者乎云某与朴再興相見時発芝
峯類説之説者欲使貴国知弊州有芝峯類説書也然某自以為

開示の書に正官、朴再興と相見する時、正官乃ち我が国の芝峯類説
の説を発す。類説に曰く、礒竹は即ち蔚陵島これ也。然らば則ち一
島二名の説、もと我が国の書に載すとは雖ども、今番、其の言端を
発する、実に貴州正官の口自りす。回答書契の中、所謂一島二名の
状、徒に我が国書籍の記する所のみに非ず。貴州の人も亦、皆、之
を知ると云うは、乃ち此を指して言う、これ也。此れ豈に疑いて請
問す可き者ならんやと云う。某、朴再興と相見する時、芝峯類説の

説を発するは、貴国に使して弊州芝峯類説の書有る事を知らせんと
欲しての事也。然れども、某、自ら以為、

開示の書は、さらに言う。「正官が朴再興と会談した時、正官がその
折、我が国(朝鮮)の芝峯類説の説を発言した。芝峯類説には、礒竹嶋
はすなわち蔚陵嶋であるとの記載がある。とするなら一島二名の説
は、元々我が国(朝鮮)の書籍に載っているとは言っても、今回、その
言葉を発したのは、実に貴州の正官の口からである。回答書契の中
に、いわゆる一島二名の状態は、徒に我が国の書籍が記す所だけで
なく、貴州の人も亦、皆、この事を知っていると、そのように言う
部分は、つまりこのような事実を指して言うのである。この事をど
うして疑い、どうして疑問[を再び投げ掛け、回答を]要請して来るの
であろうか」と、このように開示の書は記す。拙者が朴再興と会談し
た時、芝峯類説の説を発したのは、貴国に対し、弊州が芝峯類説の
書が有る事を知り[その内容も承知している事を、朴再興を]使いとし
て[暗に貴国に]知らせようとしての事である。しかしながら拙者は、
自ら考える所があり、

개시서는 또 이야기한다.「정관이 박재흥과 회담했을 때, 우리나라
(조선)의 지봉유설에는 이소타케시마(의죽도)는 곧 울릉도라는 기록
이 있다. 그렇다면 1도 2명의 설은 원래 우리나라(조선)의 서적에 실
려 있다고는 해도, 이번에 그 말을 한 것은, 실로 귀주의 정관이 말한
것이다. 회답서계 안에, 소위 1도 2명의 상태는 우리나라 서적이 기록
하는 것만이 아니라, 귀주의 사람들도 역시 모두 이 사실을 알고 있

다고, 그렇게 말하는 것은, 즉 이와 같은 사실을 가리켜서 말하는 것
이다. 이 일을 어째서 의심하고, 어째서 의문을 [다시 표하며, 회답을
다시 요청하는 것일까]라고, 이렇게 개시의 서는 기록한다. 졸자가 박
재홍과 회담했을 때, 지봉유설을 이야기한 것은 귀국에 대해, 폐주가
지봉유설이라는 책이 있다는 사실을 알고 [그 내용도 알고 있다는 사
실을, 박재홍을] 통해 [은연 중에 귀국에] 알려주려고 했던 일이다. 그
러나 졸자는 혼자 생각하는 일이 있어,

漫筆之序，耤不足憑于

兩國相謝之證驗，故只竊考之朴再興而茗日
所呈之疑問屋，不述之，別今
問示居以類說，為一島二十為之證驗則某
亦可以類說，為欝陵島屬于
本邦之證驗，其臂考之，類說自序，即八十二年
薪所識也，甞謂我民有住居彼島者之事
本州記載之，而類說亦有迫問倭人，于
狀礒此，島之皆知，他人內伏內容訢之知

漫筆ノ之書籍不ト𛰚足𛰚備フルニ二于

両国相論ノ之証験二𛰚故二只々窃二告テ二之ヲ朴再興二𛰚而先日

所𛰚呈スル之疑問ノ書二不𛰚述𛰚之ヲ而ルニ今

開示ノ書以テ二類説ヲ𛰚為スルトキハ二一島二名ノ之証験ト𛰚則某

亦可シト以テ二類説ヲ𛰚為ス中蔚陵島属スルノ二于

本邦二𛰚之証験ト某曾テ考フルニ𛰚之ヲ類説ノ自序ハ即八十二年

前二所ニシ𛰚識ス也当時我民有ルノト住居スル二彼島二𛰚者ノ上之事

本州ノ記籍二載テ𛰚之ヲ而類説二モ亦タ有リ二近聞ク倭人占シメ二

拠ルトニ云礒竹島二之語ト知テ二他人占メ拠ルコトヲ而容許シ二之ヲ𛰚知テ二

漫筆之書籍不足備于両国相論之証験故只窃告之朴再興而先日所呈之
疑問書不述之而今開示書以類説為一島二名之証験則某亦可以類説為
蔚陵島属于本邦之証験某曾考之類説自序即八十二年前所識也当時我
民有住居彼島者之事本州記籍載之而類説亦有近聞倭人占拠礒竹島之
語知他人占拠而容許之知

漫筆の書籍、両国相論の証験に備うるに足らずと。故に只々窃に之
を朴再興に告げて、先日、呈する所の疑問の書に之を述べず。而る
に今、開示の書、類説を以て一島二名の証験と為す時は、則ち、
某、亦、類説を以て、蔚陵島本邦に属するの証験と為す可し。某、
曾て之を考うるに、類説の自序は、即ち八十二年前に識るす所これ
也。当時、我が民、彼の島に住居する者有るの事、本州の記籍に之
を載せて、類説にも亦、近く聞く、倭人礒竹島を占しめ拠ると云う
の語有り。他人占め拠る事を知りて、之を容許し、

このような漫筆(思いつくまま記した書)の書籍では、両国相論の証拠
の験としては不備があると判断していた。それゆえ只々密かに、こ
れを朴再興に告げるだけで、先日送呈した疑問四箇条の書の中に
は、この事を[敢えて取り上げず]述べなかった。しかし今、開示の書
が、芝峯類説を以て一島二名の証拠の験とする[との事を述べるので
あれば]それに対し拙者も、またこの芝峯類説を以て、蔚陵嶋[すなわ
ち竹嶋]が本邦(日本)に属するという証拠の験を[敢えて]述べることに
する。拙者が、かつてこの事を考えるに、芝峯類説(発刊は一六一四)
の自序は、つまり八十二年前に記述されたものである。当時、我が
民は、彼の島に[渡り、そこに]住居する者が有った。その事は本州
(対馬)の記録する書籍にも載っている。そして芝峯類説も、またこの
事実を記している。すなわち「最近聞いた事であるが、倭人が礒竹嶋
を占拠していると言う」と、そのような文言である。つまり、他人が
占拠している事を知り、これを容許する。

이러한 만필(생각나는 대로 기록한 글)의 서적으로는, 양국 상론의 증
거의 표시로 하는 일에 부족함이 있다고 판단하고 있었다. 그렇기 때
문에 그저 은밀하게, 이것을 박재홍에게 말했을 뿐으로, 지난번에 송
정한 의문 4개 조의 서중에서는, 이 일을 [일부러 취급하지 않고] 말
하지 않았다. 그러나 지금 개시의 서가 지봉유설을 가지고 1도 2명의
증거물로 한다[는 것을 말한다면] 그것에 대해 졸자도, 역시 이 지봉
유설을 가지고, 울릉도 [즉 죽도]가 본방(일본)에 속한다고 하는 증거
의 표시를 [애써] 이야기하기로 한다. 졸자가 과거에 이 일을 생각하
기를, 지봉유설(발행은 1614)의 자서는, 곧 82년 전에 기술된 것이다.

당시 우리 인민은 그 섬에 [건너가 그곳에] 거주하는 자가 있었다. 그 일은 본주(쓰시마)가 기록한 서적에도 실려 있다. 그리고 지봉유설도 역시 이 일을 기록하고 있다. 즉 「최근에 들은 이야기이나, 왜인이 의 죽도를 점령하고 있다고 한다」고 하는, 그런 문언이다. 즉 타인이 점 령하고 있는 사실을 알고, 이것을 허용한다.

他人往澳兩家許之則覺八十年永

貴國角棄彼僞以分為他人之有也往事邪是耶

今番以我民往彼島為私越侵海看不思之

甚也某疑

答啻中一島二為之狀非徒我閭屑籍立所

記貴州之人所皆初之之語香以興初復答啻

辞意不相合也具說疑問屑还之令不贅之

開禾屑癸酉年初度答啻所謂

鬱陵島云看有蓋以竹島興鬱陵島為千于島耶

他人徃漁スルコトヲ而容許スルトキハ之ヲ則是レ八十年来

貴国自ラ棄テ彼ノ島ヲ以テ令ムルヲ為ナサ他人ノ之有ト也往事如ニシテ是ノ而

今番以我民徃クヲ彼島ニ為ス犯越侵渉ト者ノハ不ルノ思ハ之甚シキ之也某疑ヲ下

答書中一島二名ノ之状非徒我国書籍之所ノミ記スル貴州之人モ亦タ皆知ルト云ヘ之ヲ之語ヲ者ノハ以テ之下与初度ノ答書ト

辞意不ルヲ相合ハ上也其ノ説疑問ノ書ニ述ブレ之ヲ今マ不贅セ之ヲ開示ノ書ニ癸酉ノ年初度答書ニ所謂ル

[貴界ノ竹島弊境ノ]蔚陵島ト云フ者ノハ有リ乙若キト以テ竹島ト与ト蔚陵島為ルカ二島ト者甲然レトモ

他人徃漁而容許之則是八十年来貴国自棄彼島以令為他人之有也往事如是而今番以我民徃彼島為犯越侵渉者不思之甚也某疑答書中一島二名之状非徒我国書籍之所記貴州之人亦皆知之之語者以与初度答書辞意不相合也其説疑問書述之今不贅之開示書癸酉年初度答書所謂蔚陵島云者有若以竹島与蔚陵島為二島者然

他人徃漁する事を知りて、之を容許する時は、則ち是れ八十年来、

貴国自ら彼の島を棄てて、以て他人の有と為令むる、これ也。往事、是の如くにして、今番、我が民、彼の島に徃くを以て、犯越侵渉と為すのは、思わざるの甚だしき、これ也。某、答書の中、一島二名の状、徒に我が国の書籍の記する所のみに非ず。貴州の人も

亦、皆これを知ると云うの語を疑うは、初度の答書と辞意相い合わざるを以て也。其の説、疑問の書に之を述ぶ。今、之を贅せず。開示の書に癸酉の年、初度の答書に、所謂貴界の竹島、弊境の蔚陵島と云うのは、竹島と蔚陵島とを以て二島と為せるが若き、これ有り。然れども

そして他人が往来し漁業を営む事を知り、これを容許する。このような事は、これまで八十年来[行ってきた既成事実というもの]である。つまりこれは、貴国が自ら彼の島を見棄てて、以て他人の所有としたこと[を認めていた事]である。これまで[このような事に異議や苦情を申し出て来なかった。]そのようでありながら、今回、我が民が彼の島に往来するのを[突然]犯越侵渉であると[糾弾]するのは、思いもよらぬ、ひどいやり方である。拙者が[貴国の]答書の中の「一島二名の状態は徒に我が国の書籍の記する所のみに非ず。貴州の人も亦、皆これを知る」と、そのように記す文言を疑うのは、初度の答書と[再度の答書との間で]文言が一致しないからである。その説については[すでに]疑問四箇条の書にこれを述べておいた。今[再び]これを[ここで]述べ、贅言<ruby>贅言<rt>ぜいげん</rt></ruby>しようとは思わない。[それゆえ疑問の書を、再度、参照されたい。]開示の書は、また言う。「癸酉の年(元禄六年)に初度の答書[を送ることがあった。そこには]<ruby>所謂<rt>いわゆる</rt></ruby>貴界の竹島そして弊境の蔚陵島と言う[記載があった。だがこれは]竹島と蔚陵島とを二島[と見なすような表現]であった。

그리고 타인이 왕래하며 어업을 한다는 것을 알고, 이것을 허용한다.

이러한 일은, 지금까지 80년 이래 [이루어져 온 기성사실이라고 하는 것]이다. 이것은 귀국 스스로가 그 섬을 버려서, 그래서 타인의 소유로 한 것을 [인정하는 일]이다. 지금까지 [이러한 일에 이의나 문제를 제기하지 않았다.] 그러하면서 이번에 우리 인민이 그 섬에 왕래하는 것을 [돌연] 범월 침섭이라고 [규탄]하는 것은 생각지도 못한, 심한 처사이다. 졸자가 [귀국의] 답서 중에 있는 [1도 2명의 상태를 함부로 의심하는 것은 처음의 답서와] 문언이 일치하지 않기 때문이다. 이 설에 대해서는 [이미] 의문 4개 조의 서에서 이것을 이야기했다. 지금 [다시] 이것을 [여기서] 이야기하여 반복(贅言)할 생각은 없다. [그렇기 때문에 의문의 서를 다시 참조하기 바란다.] 개시의 서는 또 이야기한다. [계유년(겐로쿠 6년)에 처음에 답서[를 보낸 일이 있다. 그곳에는] 소위 귀계의 죽도, 그리고 폐경의 울릉도라고 하는 [기재가 있었다. 그러나 이것은] 죽도와 울릉도를 2도[로 간주하는 표현]이었다.

此外其將兩寬之家不辭故事之致朝廷方盛其

失高矣此後貴州出送具唇而請改故朝廷同

具請而改之以正初唇之失到今唯魚一以改

送之唇考高而巳朝唇歇以鋪誤而改之則何

足為今日遞一間之難程云

今之

荅廣興初度

荅府辭意不相符而其請問之者以丟年

泰先太守处

此レ乃チ其ノ時南宮ノ之官詳ニセ不ル故事ノ之致ヲ朝廷方ニ咎ハ其ノ失言ヲ矣此ノ際貴州出シ送テ其ノ書ヲ而請フレ改メンコトヲ故ニ朝廷因テ其ノ請ニ而改メテ之ヲ以テ正ス初書ノ之失ヲ到テ今ニ唯当ニ一ニ以テ改メ

送ルノ之書ヲ考フ上レ信ヲ而已初書既ニ以テ錯誤ヲ而改ムルトキハ之ヲ則何ヲ

足ラレ為ルニ今日憑問ノ之端ト乎云ヤト云今ノ之
答書ハ与初度ノ
答書ニ辞意不シテ相合ハ而某カ請問スルニ之ヲ者ハ以テ之ト去年ノ
春先太守赴ク二

此乃其時南宮之官不詳故事之致朝廷方咎其失言矣此際貴州出送其書而請改故朝廷因其請而改之以正初書之失到今唯当一以改送之書考信而已初書既以錯誤而改之則何足為今日憑問之端乎云今之答書与初度答書辞意不相合而某請問之者以春先太守赴

此れ乃ち其の時、南宮の官、故事の致るを詳にせざる、これ朝廷方に其の失言を咎む矣。此の際、貴州其の書を出し送りて改めん事を請う。故に朝廷、其の請に因りて、之を改めて以て初書の失を正す。今に到ては唯当に一に改め送るの書を以て信を考うべき而已。初書、既に錯誤を以て、之を改むる時は、則ち何ぞ今日憑問の端と為せるに足らんやと云う。今の答書と初度の答書と、辞意、相い合わずして、某が之を請問するのは、去年の春、先の太守、しかしこれは、その時、南宮(礼曹)の官が故事にある事を詳らかにせず[そのまま記載したもので]朝廷方はそれが失言[であるゆえ、この南宮]を咎めた。この際、貴州(対馬)は、その[不審の]書を[こちらに]出送し、これを改める事を要請して来た。それゆえ朝廷は、その要請により、これを改めることで、初度の答書の失言を訂正した。今に到れば[二度の答書は]当に唯一つに改正され送付された答書となった。その[改正され送付された]答書の[記載を]信頼すべきである。初度の答書は、既に錯誤を以て記載されていた。これを改めた今日、どうしてこの[初度の]答書に憑り付き[なおも]疑問の発端とするのであろうか」と、そのように言う。今の答書と初度の答書と、その文言は[どうしても]合致しない。拙者が、何故このような疑問を抱き、これに対する答弁を敢えて要請するのかと言えば[ここには理由がある。]去年(元禄七年)の春、先の太守(宗義倫)が

그러나 이것은, 그때 남궁(예조)의 관이 고사에 있는 일에 자세하지 않아 [그렇게 기재한 것으로], 조정 측은 그것이 실언[이기 때문에, 이 남궁을] 처벌했다. 이때 귀주(쓰시마)는 그 [이상한] 서를 [이쪽에] 보내어, 이것을 고칠 것을 요청했다. 그래서 조정은 이 요청에 의해, 이것을 고치는 일로, 처음 답서의 실언을 정정했다. 이렇게 해서 [두 번의 답서는] 그야말로 단 하나로 개정되어 송부된 답서가 되었다. 그 [개정하여 송부한] 답서의 [기재를] 신뢰해야 한다. 처음의 답서는 이미 착오를 기록했다. 이것을 개정한 오늘, 어찌하여 [처음의] 답서에 의거하여 [아직도] 의문의 발단으로 하는 것인가라고, 그렇게 말한다. 지금의 답서와 처음의 답서의 문언은 [어떻게 해도] 합치하지 않는다.

졸자가, 왜 이러한 의문을 품고, 이것에 대한 답변을 일부러 요청하는
가 하면 [이것에는 이유가 있다.] 거년(겐로쿠 7년)의 봄에 앞의 태수
(宗義倫)가

東都彌帶初度，

答康寫本也

費窩今歸罪，於

南宮之言，以隱前後，

答者釋意不相符之大令爲一件固

兩國之大事則無，

南宮所作

答屑

東都ニ_時キ帯ルヲ中初度ノ

答書ノ写本ヲ上也

貴国今マ帰シテ_罪ヲ於

南宮ノ之官ニ_以テ隠スト前後ノ

答書辞意不ルノ_相合ヘ_之失ヲ上今番ノ一件ハ固ニ

両国ノ之大事ナルトキハ則無シト

南宮所ノレ作ル

答書

東都時帯初度答書写本也貴国今帰罪於南宮之官以隠前後答書辞意不
相合之失今番一件固両国之大事則無南宮所作答書

東都に赴く時、初度の答書の写本を帯るを以て也。貴国、今、罪を南
宮の官に帰して、以て前後の答書の辞意、相い合わざるの失を隠す。
今番の一件は固に両国の大事なる時は、則ち南宮作る所の答書、

東都に赴いた時、初度の答書の写本を帯同して東上したからであ
る。[東武は、この初度の答書で、すでに事の理解を推し進めてい
る。それほどに重要な文書である。]貴国は今[初度の答書の誤謬の]
罪を南宮の官に帰し、前後の答書の文言が合致しないことの失態を
隠している。今回の一件は、もとより両国の大事であるので[そのよ
うな中で]南宮が作成した答書の文言を[今一度]

동도에 갔을 때, 처음 답서의 사본을 대동하고 동상(에도행)했기 때문
이다. [동무는 이 처음 답서로, 이미 일의 내용을 이해를 하고 있다.
그 정도로 중요한 문서이다.] 귀국은 지금 [처음 답서가 저지른 오류]
의 죄를 남궁의 관리에게 돌리는 방법으로, 전후 답서의 문언이 합치
하지 않는 실태를 감추고 있다. 이번의 일건은 원래 양국의 대사이기
때문에 [그러한 상황에서] 남궁이 작성한 답서의 문언을 [다시 한 번]

朝廷不開之之理兵其令體

開示昏而深为

貴國耽之，

乙亥六月十二日

差使橘真重

朝廷不ルノレ閲レ之ヲ之理上矣某今マ読テニ

開示ノ書ヲ一而深ク為メニ

貴国ノ一耻ヅレ之ヲ

　　乙亥六月十二日　　　　　　差使橘真重

朝廷不閲之之理矣某今読開示書而深為貴国耻之

　　乙亥六月十二日　　　　　　差使橘真重

朝廷これを閲せざるの理無き矣。某、今、開示の書を読みて、深く
貴国の為にこれを耻ず。

　　乙亥六月十二日　　　　　　　　　　差使橘真重

朝廷が閲覧[点検]しなかったなどという[責任転嫁の]理由は[到底こちら
では通用しない。全く以て]理解できないことである。拙者は、今、こ
の開示の書を読み、深く貴国のために、これを恥じるのである。

　　乙亥(元禄八年)六月十二日　　　　　　差使　橘真重

조정이 열람 [점검]하지 않았다는 식으로 하는 [책임전가의] 이유는
[도저히 이쪽에서는 통용되지 않는다. 전혀] 이해할 수 없는 일이다.
졸자는 지금 이 개시의 서를 읽고, 깊이 귀국을 위해, 이것을 부끄러
워하고 있다.

　　을해(겐로쿠 8년) 6월 12일　　　　　차사 타치바나 마사시게

六月十七日上廣寫一行并　陶山先生寫

阿汪溜魚多書有內物者

(35-12)

〃六月十七日与左衛門一行并陶山庄右衛門阿比留惣兵衛府内帰着

(35-12)

〃六月十七日、与左衛門一行ならびに陶山庄右衛門と阿比留惣兵
衛が、府内(対馬府中)に帰着した。

(35-12)

〃6월 17일에 요자에몬 일행 및 스야마 쇼우에몬과 아비루 소우베
에가 부내(쓰시마 후츄우)에 귀착했다.

≪解説≫

註1、恐喝の言葉にも及んだ

　恐喝の言葉にも及んだとは、武力を呈示して妥結を迫ったことを指す。しかし時代は、もはや武力の呈示で世を治める時代ではない。文化秩序によって治める時代である。そのような徳川綱吉の治世であることを朝鮮側はよく承知していた。多田の外交交渉は効を挙げず、それゆえ妥結などしなかった。

공갈

　공갈의 언어를 사용하였다는 것은, 무력을 정시하여 타결을 서둘렀다는 것을 말한다. 그러나 시대는 이미 무력의 정시로 세상을 다스리는 시대가 아니다. 문화질서로 다스리는 시대이다. 그와 같은 토쿠가와 쓰나요시의 치세라는 것을 조선은 이미 알고 있었다. 타다의 외교 교섭은 효과를 보지 못하여, 타결을 맺지 못했다.

　註2、朝鮮側は一島二名の説を、しきりに日本の側から言わせようとしていた。第一次交渉において朝鮮側の書翰は、あたかも二島二名であるかのように記載していた。それゆえ、この第二次交渉においては、まず日本の側から一島二名である旨を言わせ、それに対し朝鮮側から、一島であれば、それは朝鮮の欝陵島であり、古い昔から朝鮮領であると主張したのである。この主張を貫くためには、最初の書翰を回収しておかなければならなかった。それが日本に残っている限り、一島二名として朝鮮領と強く主張することはできなかった。この意味で、最初の書翰を回収することに、接慰官の兪

集一は、その全力を尽くした。回収がなった段階で、彼の仕事の大方は片付いてしまった。そのような交渉の経過である。その後、如何に多田与左衛門が和館に居座ろうが、強硬な論を投げ掛けようが、朝鮮側にとって、そのような事は、もはや無視すればよいだけとなった。

　서계 반납의 의미

　조선 측의 1도 2명 설을 자주 일본측이 말하게 하려고 했다. 제1차 교섭에서 조선 측의 서한은 마치 2도 2명인 것처럼 기재하고 있었다. 그래서 제2차 교섭에서는 먼저 일본 측이 1도 2명이라는 내용을 말하게 하여, 그것에 대해 조선 측에서, 1도라면 그것은 조선의 울릉도로, 오랜 옛날부터 조선령이라고 주장한 것이다. 이 주장을 관철하기 위해서는 최초의 서간을 회수해두지 않으면 안 되었다. 그것이 일본 측에 남아 있는 한, 1도 2명으로 해서 조선령이라고 강하게 주장할 수가 없었다. 이런 의미에서 최초의 서한을 회수하는 일에, 접위관 유집일은 전력을 다했다. 회수된 단계에서 그의 임무 대개는 정리된 것이었다. 그 같은 교섭의 경과이다. 그 후에 아무리 타다 요자에몬이 회관에 거주한다 해도, 강경론을 주장한다 해도, 조선 측은, 그와 같은 것은, 이미 무시하면 되는 일이었다.

색 인

(ㄱ)

간쟁 315
간지 193
강원도 172, 328
강치 91
개 185
개작 302
검관옥 64
결렬 201
결성신 37
경도 286
경상도 328
경시 295
고금 368
고려 328
고양이 184
곤궁 336
공갈 311, 399
관수 39, 278
관인 371
관찰사 233
교린 169
교우부 70
구조 361
군명 298, 319
귀국 221, 230, 245
귀주 95
귀환 336
규탄 387
김판사 187, 223, 271

(ㄴ)

남궁 350, 390, 394
네덜란드 208

(ㄷ)

단간 158, 179, 182, 280
단념 292
대구 233
대군 84
데지마 219
도래일수 225
도성 199
동도 161, 302
동래 351
동래부사 64, 131, 263
동무 33, 150, 176, 394
동해 172

(ㅁ)

마타자이 110
마타조우 88
만필 382
모거 103
모독 295
모로오카 231, 268, 274
모점 114
물자 169

(ㅂ)

박경업 328, 332, 336, 344
박재흥 340, 344, 368, 378
반납 400
밤중 274
방물 328
범월 37, 92, 179
벼루 197
별차 64

병 271
病気 268
봉 278
봉인 240
부끄럽게 375
不宣 163
부채 212
불손 317
비례 365

(ㅅ)

사거 107, 193
사자 317, 319, 371
사카노시타 240
삭제 206
살육 308
상선 278
선례 238
선중 322
성신 315
소도 210
소문 208
소우베 340, 368
소환 299
속도 310
송달 356
쇄환 332
쇠약 336
쇼우에몬 154, 184, 190, 199, 313
수검 375
수미 365
수역 77
스기무라 27, 59, 319
스야마 24, 29, 59, 216, 313, 398
승선 230, 244
신라 328, 339

(ㅇ)

아비루 216, 398
아첨 150

야나가와 107
야나기 140
양국 217
어치주 66, 137, 142
에도 212
여지승람 173, 328, 339, 368, 371
연민 336
열람 396
예조참의 110
예조참판 169, 193
옛날 368
오이리 137
오일속 127
왕래 134
요과 365
요자에몬 31, 44, 353
우호 305
우호국 336
운니 228
울릉도 313
원망 151
유집일 400
은택 210
의문 80, 137, 216, 324
의심 150, 153, 156
의죽도 344
이별 276
이소타케시마 103, 328, 378
이의 387
인판 238
입관 203, 242

(ㅈ)

재흥 379
적선 332
절영도 322, 356
점령 383
접위관 365
정정 390
제주도 210

조선유수기 219
조우 84, 169
족하 176
졸자 292, 365
주인 156
죽도고 217
죽도일건 310
증멸 228
지봉유설 347, 378, 379
진퇴유곡 313

(ㅊ)

차사 119, 127, 164, 308, 396
참판사 313
초량 61, 302, 322
촌토 332
출선 253, 266
침릉 298
침섭 37, 91

(ㅌ)

타지마 27, 59
타카세 46, 49, 216, 283
태만 371
태수 81, 169

(ㅍ)

파견 339, 371

파탄 74
판사 201
坂之下 273
폐경 96
폐기 332
폐방 96
표민 88
표선 332

(ㅎ)

하멜 219
한문 49
한첨지 129, 136, 146, 148, 187, 223
할복 319
허용 386
허위 375
형식 193
홍중하 339
후견 193
훈도 64
히라타 27, 59
힐문 339

(기타)

12세 107
4개조 319
80년래 372
82년 117, 361, 382

권오엽(權五曄)

忠南大學校 人文大學 명예교수
1945년 全北 井邑 출생

群山高等學校, 서울敎育大學, 國際大學, 北海道大學,
東京大學 學術博士(廣開土王碑文과 東아시아의 天下思想)

일본의 가요, 한일건국신화, 광개토왕비문에 관한 논문 다수

『日本漫想』,『廣開土王碑文의 世界』,『隱州視聽合紀』,『元綠覺書』,『독도와 안용복』,『控帳』,『古事記』(上·中·下),『好太王碑論爭의 解明』,『廣開土王碑文의 硏究』,『獨島』,『獨島와 竹島』,『古事記와 日本書紀』,『日本의 獨島論理』,『일본은 독도를 이렇게 말한다』,『岡嶋正義古文書』,『竹島渡海由來記拔書控』(상·하),『죽도 및 울릉도』,『竹島紀事』(1-1, 1-2, 1-3)

메일: dongsana@hanmail.net

오오니시 토시테루(大西俊輝)

1946년 島根縣隱岐郡西鄕町(現 隱岐의 島町) 生
島根縣立隱岐高等學校, 大阪大學醫學部, 腦神經外科專門醫, 醫學博士
大阪國學院 通信敎育部 卒業, 神職資格(權正階),
大阪市立大學大學院大學 都市情報部 卒業
現) (醫)厚生醫學會理事長
　　(社福) 厚生博愛會理事長
　　隱岐國 原田向山 大山神社 宮司

『레이져 醫學의 臨床』,『Illustrated Laser Surgery』,『山陰沖의 古代史』,『山陰沖의 幕末維新動亂』,『人肉食의 精神史』,『柿本入麻呂와 아들 躬都郞』,『隱岐는 繪島, 歌島』,『日本海와 竹島』,『心의 誕生』,『水若酢神社』,『續日本海와 竹島』,『隱州視聽合紀』,『元祿覺書』,『竹島文談』,『竹島渡海由來記拔書控』,『竹島紀事』(1-1, 1-2, 1-3)

竹島紀事

죽도기사 2-3

초판인쇄 | 2012년 4월 20일
초판발행 | 2012년 4월 20일

편 역 주 | 권오엽 · 오오니시 토시테루
펴 낸 이 | 채종준
펴 낸 곳 | 한국학술정보㈜
주　　소 | 경기도 파주시 문발동 파주출판문화정보산업단지 513-5
전　　화 | 031) 908-3181(대표)
팩　　스 | 031) 908-3189
홈페이지 | http://ebook.kstudy.com
E-mail | 출판사업부　publish@kstudy.com
등　　록 | 제일산-115호(2000. 6. 19)

ISBN　978-89-268-2999-8 94380 (Paper Book)
　　　　978-89-268-3000-0 98380 (e-Book)
　　　　978-89-268-2138-1 94380 (Paper Book Set)
　　　　978-89-268-2139-8 98380 (e-Book Set)

이 책은 한국학술정보(주)와 저작자의 지적 재산으로서 무단 전재와 복제를 금합니다.
책에 대한 더 나은 생각, 끊임없는 고민, 독자를 생각하는 마음으로 보다 좋은 책을 만들어갑니다.